Le Mange-Tout 主廚親授

米其林二星★
美味醬汁料理

谷 昇／著　童小芳／譯

美味、樂趣、悸動。
醬汁乃料理特色之基礎。
您掌握了多少種拿手醬汁呢？
醬汁的功力決定一位廚師的價值。
至少，我對此深信不疑。

Le Mange-Tout餐廳剛起步時，
我與店經理曾有過約定。
我們彼此承諾，每一道料理都必須以醬汁爲基底。
當時的諾言，成了我最嚴苛的試煉，
然而不可否認地，我同時也不斷從中獲得無可取代的充實感與喜悅。

醬汁的運用不僅限於法式料理，
我們的日常餐桌也是活躍的舞台。
想吃什麼料理？想做什麼料理？
醬汁可以讓您的選項更加豐富多元！
那道料理可以靈活運用，這道料理也能派上用場，
正因爲醬汁用途如此廣泛無涯，才更顯得樂趣無窮。
醬汁是偉大的料理元素，引領料理進入「美味境界」。

此次要介紹的是我特調的絕妙醬汁，外加由醬汁延伸出來的數道佳餚，
此書用心精選出的內容，
包含幾種我期望能永久傳承下去的傳統醬汁，
再加上多道融合創新巧思的實用醬汁及料理，
希望讀者們能活用並樂在其中。

如今，我可以肯定地說：
製作醬汁實在太有趣了。
醬汁的多元豐富、料理的樂趣與無拘無束，
能夠將這些傳達給各位讀者，我備感榮幸。

谷 昇

目次　sommaire

谷主廚製作出美味料理的小祕訣

○ 高湯的替代品

本書中介紹了兩種高湯（Fond），也就是我們常說的湯汁。毫無疑問地，這兩種高湯都是我的得意之作，既美味又奢華。不過，因為我們是自己動手做料理，所以這方面可以很隨興！用市售的產品替代也完全不成問題。製作醬汁或料理時，如果因為高湯而感到綁手綁腳，豈不可惜。您可以用雞骨高湯粉取代雞肉澄清湯，用肉湯或牛肉湯粉取代牛肉高湯等等，請各位善用自己喜好的素材。順帶一提，若使用雞湯粉，我認為1ℓ的熱水約溶入10g的雞骨高湯粉（顆粒狀），這樣的濃度比較方便應用。

○ 少許調味料的拿捏

舉例來說，「鹽1撮」，是指用大拇指、食指與中指三根手指頭抓起的量，大約1/4～1/5小匙。1小匙的鹽是6g，所以大約是1.2～1.5g的量。而我的「鹽1撮」是1g，不過我全憑感覺來記，不會每次都測量。反之，如果想要1g的量，抓一小撮就對了。事先了解自己「1撮鹽」的量會方便許多。此外，本書會盡量以「g」來具體標示出用量，如果標示為「少許」，大多是指0.5g左右的微量，卻又不可或缺。這方面只要大家多用眼睛判斷、用手指的觸覺去感受，慢慢掌握分量就行了！

○ 撈去浮沫和不需要的部分

撈掉浮沫、撈除煎煮過程中釋出的油脂，這是很常見的一道程序。不過，各位曾思考過這個程序的意義嗎？請您試著舔舔看浮沫或是多餘的油脂，想必一點也不可口。無用的成分，就要仔細且毫不猶豫地去除，這是完成美味料理的必經程序之一。此外，「浮沫會引出更多浮沫」，所以當浮沫出現時請再稍候一會兒。雖然狀況會因食材而異，不過大概忍耐個五分鐘左右，浮沫就會漸漸凝聚並呈褐色狀，此時再一口氣全部撈除！

○ 令人垂涎欲滴的色澤

「金黃色」，這個詞彙常見於料理書籍。大家腦海中會浮現什麼樣的顏色呢？無論是煎烤或是油炸，我認為「看起來很美味」的色澤至關重要。我們可藉由烹調時間、食物彈性、泡沫的狀況，還有其他多種方式來判斷食物內部是否熟透。然而，最終完成品表面的色澤不僅會影響擺盤的呈現，與味道也息息相關。有鑑於此，請各位務必以完成引人垂涎的色澤為目標！

○ 煎煮肉類的油與脂肪

煎肉時的守則是：「肉塊底下請維持有油的狀態」。這裡說的「油」也有「脂肪」之意。脂肪含量多的肉類，只要經過加熱自然會煸出油脂，利用這些油脂來煎煮即可。因為油脂是出自於肉塊本身，不僅可保有原本的肉香，其他食材亦可增添香氣。若是脂肪含量較少的肉類，則可用橄欖油等等來補足；「油會引出肉塊內含的脂肪」，因此，一開始先加入油，可以更順利地煸出油脂。

本書的使用規則

＊材料的分量除了以「g」標示外，還使用其他單位量詞。目的在於將調味上的拿捏淺顯易懂地傳達給讀者，以便讀者量測。

＊1大匙＝15ml，1小匙＝5ml。

＊奶油一律使用無鹽奶油。

＊書中標示的橄欖油是選用初榨橄欖油。

＊雞蛋選用L號大型蛋（日本雞蛋有重量分級，差異在於蛋白的分量。L號尺寸為64～70g）。

＊材料的g數，若無特別標示，則表示該分量包含棄之不用的部分。

＊蔬菜等食材每個分量不同，一份的g數不盡相同，因此會同時標上g數。

＊若無特別標示，作法中會省略一些事前的食材基本處理步驟，例如：清洗蔬菜、削皮、去蒂、刮除魚鱗、取出內臟等等。

＊鹽水汆燙等事先處理作業上使用的鹽，或是水煮、蒸煮等所使用的湯湯水水，皆不含在材料標示的分量中。

＊若沒有明確指定，書中標示的鍋具尺寸只是基準。僅供讀者參考。

＊平底鍋原則上是使用鐵氟龍鍋。

＊材料表中的分量、完成品照片上的分量不一定相同。

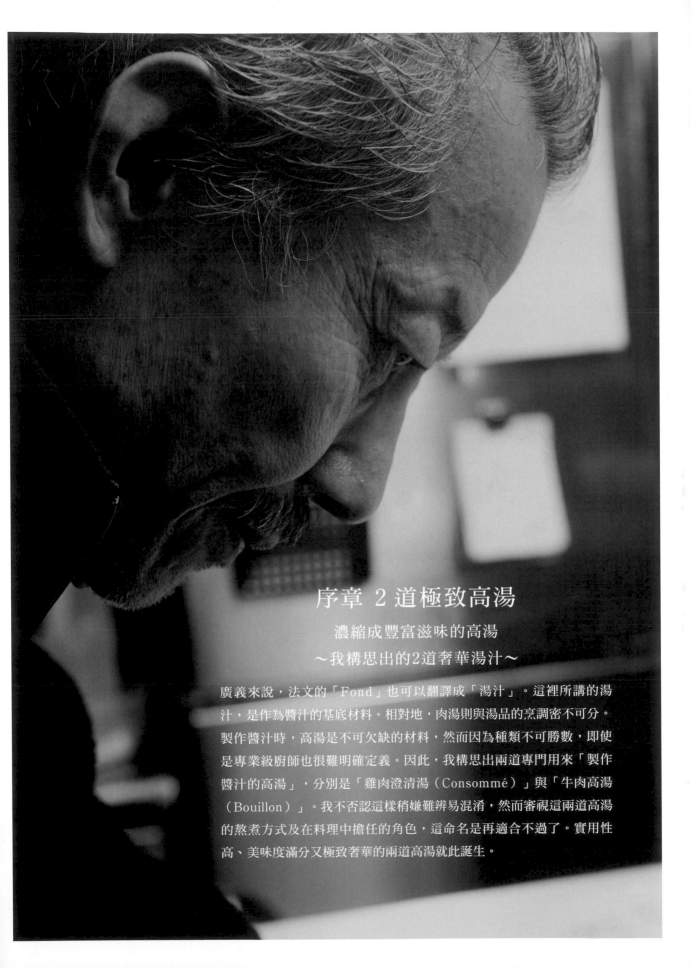

序章 2 道極致高湯

濃縮成豐富滋味的高湯
~我構思出的2道奢華湯汁~

廣義來說，法文的「Fond」也可以翻譯成「湯汁」。這裡所講的湯汁，是作為醬汁的基底材料。相對地，肉湯則與湯品的烹調密不可分。製作醬汁時，高湯是不可欠缺的材料，然而因為種類不可勝數，即使是專業級廚師也很難明確定義。因此，我構思出兩道專門用來「製作醬汁的高湯」，分別是「雞肉澄清湯（Consommé）」與「牛肉高湯（Bouillon）」。我不否認這樣稍嫌難辨易混淆，然而審視這兩道高湯的熬煮方式及在料理中擔任的角色，這命名是再適合不過了。實用性高、美味度滿分又極致奢華的兩道高湯就此誕生。

雞肉澄清湯
consommé de volaille

首先，燉煮雞翅數小時，淬煉出清澈的湯汁，我們稱之為「白色基底」。接著加入絞肉與蔬菜，再燉煮第二回合後即可完成漂亮的琥珀色澄清湯。澄清湯（Consommé）這個字在法語中帶有「完成」的意思，我也不辱其名完成了清澈無比的高湯。若問到燉煮過的雞翅是否可以再料理，我的答案是「不行」。如果想把雞翅當成食材，就應該在雞翅的鮮甜溶解於湯品前就料理；為了淬煉出美味湯品而變得乾乾柴柴的，這就是雞翅背負的使命。

材料 方便製作的分量

[白色基底]

雞翅（三節翅）…2kg

＊三節翅是包含小雞腿肉及雞翅肉
　兩個部位。

[澄清湯]

雞胸絞肉（先冷藏備用）…800g

洋蔥…100g

紅蘿蔔…80g

西洋芹…30g

蛋白…80g

黑胡椒…1/3小匙

— 直徑24cm的深鍋

1 從三節翅的關節處下刀，將雞腿與雞翅切開。

2 所有部位每間隔2～3cm下刀切斷骨頭。此時，只要確保骨頭有切斷，其他肉仍相連也無妨。

3 鍋中加入足夠的水，將**2**的雞翅放入，稍微攪拌將血水帶出後立即將水倒掉。此時須留意不要過度攪拌，以免流失雞肉的鮮甜味。

4 鍋內放入雞翅並倒入3.5ℓ左右的水，以大火烹煮。請輕輕分開雞翅避免黏在一塊。攪拌會使湯汁混濁，所以動作要輕柔，像是在拆散雞翅同伴一樣。這麼做可以更容易引出浮沫。

5 浮在湯面上的一粒粒白色物體就是浮沫。火候仍維持大火。

6 沸騰後將火轉小，絕不可煮到滾泡，只須保持浮沫不會沉底的火候。浮沫還會陸續浮出所以暫不撈出，靜待「浮沫引出更多的浮沫」。

7 沸騰後再等待5分鐘左右，浮沫就會漸漸凝聚呈褐色狀，此時要迅速撈除。黃色浮油也一同撈出。這些油脂單獨放冷後即成「雞油」。

8 將浮沫撈乾淨後，再注入水，以中火烹煮。接下來請勿攪拌雞翅，若出現浮沫要立刻撈出。以不滾泡的火候熬煮4小時。

9 水減少的話請補足以維持最初的水量，熬煮4小時後的狀況如照片所示。將其過濾後的湯汁即是白色基底。這樣便完成了3ℓ的分量。

10 照片為冷藏了一晚的白色基底。已凝固成膠狀。

11 將［澄清湯］材料中的蔬菜全部切成薄片。將蛋白放入鍋內攪拌，亦可先在調理碗內攪拌後再倒入。若將蔬菜同時放入攪拌，蛋白會打不散，所以請事先攪拌好。

12 將蔬菜加入攪拌，再加入絞肉，充分拌勻。攪拌混合是為了提高黏著性。愈搓揉會愈有黏性，所以請努力搓揉到會拉絲為止。在這個步驟，食材愈冷愈能增加黏性，因此請先將絞肉冷藏，盡量在冰冷的狀態下搓揉效果最佳。

13 將白色基底加熱融化到與體溫差不多的溫度，再使用湯勺，一勺一勺（約90ml）分次加入 **12** 中，攪拌均勻。充分拌勻到完全融為一體後，再加入下一勺重複攪拌。直到幾乎接近糊狀時（如照片），再將剩下的白色基底全部加入攪拌。

14 加入約1ℓ的水，以大火煮。此時的水量，鍋緣大約保持5～6cm的空間。絞肉會由下而上漸漸凝聚成塊，所以請攪拌鍋底，並同時往側邊攪拌。藉由攪拌引起對流循環，使鍋內上下溫度保持相同。

15 從周圍開始逐漸變透明（此時是45℃），接著蛋白浮上來，湯面變白色後（此時是65℃），請停止攪拌。只要小心刮底以免沉底沾鍋，也注意湯面浮物不要沾到鍋緣，輕輕將浮物劃開。

16 絞肉浮上湯面，請於正中央撥開一圓孔。轉為中大火，將中央絞肉舀起往肉塊較薄的地方淋，周圍的肉塊也輕輕劃離鍋緣，用絞肉塊做出如甜甜圈狀的蓋子。以中大火烹煮可更容易帶出浮沫，且可使絞肉凝聚成塊。中央挖個孔可引起對流，而肉塊可兼具鍋蓋功能，達到防止湯品蒸發的效果。

17 如果出現浮沫請撈掉，並轉為小火，維持不會滾泡的火候繼續熬煮。水量減少時，請緩緩地從中間圓孔補水，維持水量不變，熬煮8小時。

18 熄火，靜待肉塊微微下沉。用兩個濾勺，中間夾廚房紙巾，上方濾勺放入胡椒，將澄清湯過濾。因為胡椒加熱會產生苦澀味，因此採用此方法來增添香氣。

19 若將凝聚的肉塊打散會使湯汁混濁，所以請不要碰到肉塊，不疾不徐地從中間圓孔舀出雞湯來過濾。最後再將鍋子傾斜，用盤子等器皿壓住肉塊，將湯汁一滴不剩倒出過濾。此時仍須留意不要打散肉塊。澄清湯就大功告成了。

二湯

與日式湯汁一樣，雞肉澄清湯也可以熬製第二次湯汁。加入可淹過肉的水量，轉大火煮沸後，再以小火慢煮一小時。接著如法炮製地過濾後即可使用。第二次熬湯過濾時，濾勺不必放入胡椒。二湯會稍微混濁，所以多活用於熬煮或燉煮料理。

澄清湯的保存方法

此款湯的特徵是一旦冷卻就會呈現果凍狀。我店裡的作法是將澄清湯倒入不鏽鋼製的容器，冷藏保存；若是一般家庭，只要使用家裡現有的缽碗或是其他容器來保存即可。澄清湯只要加熱回溫就可以馬上恢復成液態狀，因此每次只取出需要的分量使用。

保存 冷藏可保存3～4天。冷凍則可保存1～2個月（使用時再加熱）。

牛肉高湯
jus de bœuf

在雞肉澄清湯製作過程中提到的「白色基底」，其作法也適用於這道牛肉高湯。法語是「jus de bœuf」。當然也可以仿效雞肉澄清湯的製作，另外加入絞肉等來提高鮮味，不過如果是要拿來製作醬汁，我可以肯定地說，單就這份肉汁的美味就綽綽有餘了。因此，我選此牛肉高湯作為第二道高湯。醬汁追求的不外乎膠質感及唇齒留香，因此選用膠質豐富的小腿肉來熬煮。此外，淬煉出肉汁後的小腿肉，還能再料理成其他佳餚，敬請期待！

材料 方便製作的分量
牛小腿肉…2kg
番茄膏…30g
沙拉油…適量

━ 直徑26cm的平底鍋、直徑24cm的深鍋

1 將牛肉切成稍大於適口大小。平底鍋中倒入15ml的沙拉油，以大火熱鍋後煎煮牛肉。牛肉分三次煎，每次煎放滿平底鍋的量即可。不斷翻面避免煎焦，每面都煎出適度的焦色。

2 烤箱用的烤盤先抹上適量的沙拉油，接著擺上1煎好的牛肉。

3 煎煮第三次的牛肉，煎到表面上色後熄火。加入番茄膏攪拌，再放入烤盤。平底鍋先放置不洗。

4 將3放入150℃的烤箱中烤40分鐘左右，烤的過程中必須上下翻動或移動牛肉的位置。若烤盤放不下，可將牛肉分兩次烤，烤法相同。

5 將4的牛肉放入鍋中。烤盤及3的平底鍋內注入水，讓殘留的鮮甜汁液隨水倒入鍋中。

6 加入共3ℓ的水（包括5注入的水），以大火熬煮。

7 若出現浮沫稍候一下，等浮沫引出更多浮沫而凝聚時再迅速撈出。轉小火，將陸續出現的浮沫與油脂撈除，並保持不會滾泡的火候，熬煮4小時。水減少時就補足，保持最初的水量。

8 利用濾勺過濾湯汁。

9 再次過濾。第二次過濾時，濾勺先鋪上濾布。因為濾布容易有堵塞的狀況，因此每次使用都必須清洗，並確認正反面無誤後，再鋪到濾勺上來過濾湯汁。最後再輕擰濾布。

10 牛肉高湯（jus de bœuf）完成。萃取出高湯後的牛肉可以保存。先將牛肉放入冰箱冷藏降溫後，浸漬於煮沸並冷卻後的食鹽水中（濃度為2%），如此可冷藏保存一週。

淬煉 [牛肉高湯] 的牛小腿肉再利用

茄汁牛肉燴飯

這道燴飯是使用番茄燉煮牛肉，是一道法國餐廳員工餐中也時常出現的重製料理。與使用生牛肉直接料理相比，淬湯後的牛肉風味雖然略遜一籌，然而好處是，將牛肉撕開後燉煮，可更充分吸足番茄及其他材料的鮮甜。也可依個人喜好使用奧勒岡、馬郁蘭、番茄乾等等來增添風味，滋味一樣好。請與酸黃瓜同時放入。

材料 1盤份

＊長27×寬16×深4cm的焗烤盤
煮完高湯後的牛小腿肉…500g
洋蔥…400g
奶油…40g
水煮番茄罐頭（壓碎過濾）…350g
鹽…3g
酸黃瓜（切圓片）…50g
黑胡椒…適量
義大利荷蘭芹（切大段）…5g
帕瑪森乳酪…50g

 直徑26cm的平底鍋

1 將洋蔥切成薄片。將奶油、洋蔥、水100ml倒入平底鍋，製作炒洋蔥（請參照P.125，步驟1）。

2 將番茄罐頭、水100ml與牛肉加入1，轉大火烹煮。邊將牛肉壓碎邊攪拌混合（照片a），加入鹽拌勻。

3 煮熟後加入大量醃黃瓜及胡椒，煮至滾沸。加入義大利荷蘭芹稍加攪拌後倒入焗烤盤（照片b）。撒上帕瑪森乳酪，放入高溫（200℃）的烤箱內，烤至表面上色。

a b

第1章 白醬

乘載滿滿鮮味與甜味的經典醬汁

過去傳統的調理方式中，有種醬汁會加入麵粉，就是我們所謂的「白醬」。法式料理的醬汁歷史可追溯到中世紀，過去的白醬與我們現今製作的白醬已不全然相同。如此可知，醬汁也如萬物一般，隨著時代推移而變化、進化也是天經地義。白醬可說是遠近馳名，其中又以貝夏媚醬（Béchamel）最具代表性。這種醬汁雖說是經典，但卻不改其美味本色，且經過創新變化後口味更加現代，因此，不論是要在一般家庭中享用，或是運用於餐廳料理，白醬都是相當普遍的醬汁。

白酒醬
sauce vin blanc

這道加了白酒的醬汁，是海鮮料理中不可少的必備醬汁。為了保留白酒的風味並與醬汁融為一體，我結合了奶油以外的材料，燉煮到呈濃稠狀。白酒可依個人喜好選擇，我是選用「阿里歌蝶」或羅亞爾河產出的白蘇維濃葡萄所釀製的「普依芙美」等等。

材料 方便製作的分量
白酒…150ml
紅蔥頭（切細末）…30g
奶油…50g
雞肉澄清湯（請參照P.8）…150ml

—— 直徑18cm的鍋子
保存 冷藏可保存3～4天。因為風味容易流失，請盡早食用完畢。

1 將奶油以外的材料全部放入鍋中（照片a），以大火燉煮。

2 煮到呈濃稠狀，紅蔥頭末隱約浮出表面時（照片b），加入奶油（照片c），用打蛋器充分攪拌均勻（照片d）。

[白酒醬] 的應用料理

白酒清蒸鱈魚

法語的「Vapeur」是指清蒸料理。在法式料理的歷史中，是較新穎的烹調方式，和日本一樣是使用蒸鍋。鱈魚在法國也是相當常見的魚類，是平民料理的好夥伴，也是家庭餐桌上的常客。不論是清蒸或是燙煮過的食材，與白酒醬都是絕配，所以請大方淋上享用吧。

材料 2人份
鱈魚…2片（1片100g）
鹽…1.5g
奶油…適量
白酒醬（請參照P.14）…120ml

1　將鱈魚肉面撒上鹽，輕輕搓揉入味（照片a）。

2　蒸盤或是耐熱盤上抹一層薄薄的奶油後，擺上鱈魚，魚皮朝上並排。

3　放入冒蒸氣的蒸鍋中（照片b），蓋上鍋蓋以大火蒸4～5分鐘。

4　盤內鋪上一層加熱過的白酒醬，放上奶香馬鈴薯泥，將3盛盤，再淋上白酒醬。

a

b

美味配菜
奶香馬鈴薯泥

材料 2人份
馬鈴薯…2顆（160g）
鮮奶油…50ml
鹽…1g

1　將馬鈴薯水煮燙熟，剝皮後大致壓碎。

2　將1、鮮奶油、鹽放入鍋中，以中火煮，輕輕壓碎並攪拌混合。

白酒鱈場蟹

海鮮與白酒相當對味是無庸置疑的。這道十分簡單的獨創料理，飄散著烤網烘烤過的香氣。
蟹殼可充當容器。切蟹殼時多預留一些厚度，如此一來蟹汁在烤的過程中才不會溢出。烤的
途中當然不可以翻面囉。除了烤，蟹也可以像涮涮鍋一樣，先涮煮過，再沾白酒醬來食用也
相當可口。或是加入醋、醬油、芝麻等做成拌菜也不錯。

材料 2人份

鱈場蟹⋯1/2隻（430g）
白酒醬（請參照P.14）⋯50ml
長蔥⋯1根

1 　先將蟹腳與蟹身切開，再從關節較柔軟處下刀，將蟹腳橫切對半。

2 　蟹鉗請從內側較柔軟處下刀，縱向對切。

3 　處理較粗的蟹腳時請使用廚房用剪刀，從白色部位刺入剪開，將殼修剪成稍大於二分之一的厚度。請注意不要剪到蟹肉。

4 　將蟹身對切成兩半。

5 　加熱烤網後，放上蟹腳、蟹鉗、蟹身，蟹殼全都朝下。用大火隔段距離烤，請勿翻面。蟹殼燒焦也無所謂。

6 　按壓蟹肉，若富彈力且飽滿，表示烤好了。

7 　用湯匙舀白酒醬塗抹於蟹肉的表面，並使醬汁流入蟹殼中。

8 　長蔥切成7～8cm長的蔥段，一樣放上烤網烤過，再與鱈場蟹一同盛盤。

天鵝絨醬
sauce velouté de volaille

製作奶油麵糊時，關鍵在於麵糊必須完全炒熟。此外，全程要心無旁鶩看著鍋內的狀況，耐心地持續攪拌到充分混合為止。奶油麵糊是醬汁的基底，因此加入的液體不同，醬汁的名稱也會隨之改變。舉例來說，如果加入牛奶，我們稱為「貝夏媚醬」；若再加入鮮奶油則改稱為「奶焗白醬」；而加入澄清湯的話，就變成了「天鵝絨醬」，諸如此類。天鵝絨醬在製作中會加入與麵糊一比一的澄清湯，因此會比貝夏媚醬還要來得更滑順。

材料 方便製作的分量
高筋麵粉⋯50g
奶油⋯50g
雞肉澄清湯（請參照P.8）⋯500ml

━━ 直徑21cm的鍋子

保存 冷藏可保存3～4天。因為風味容易流失，請盡早食用完畢。

1　先製作奶油麵糊。將奶油放入鍋中，以中火煮，當奶油大致融化時先熄火，待奶油完全融化後，將高筋麵粉一口氣全倒入（照片a）。麵粉受熱會呈顆粒狀，所以要在熄火狀態下充分攪拌。

2　開小火，用木鍋鏟從鍋底不斷往上翻炒混合，並留意不要炒焦（照片b）。剛開始會呈現丸子狀，在翻炒的過程中麵糊會變滑順並漸漸出現光澤。此時用木鍋鏟刮過鍋底會留下刮痕（照片c）。

3　再繼續翻炒，就會開始噗滋噗滋冒泡，這時請將火再轉小一點。原本帶黃的麵糊會逐漸偏白，並感覺到手的翻攪力道變輕了，這些都是麵粉糊已經煮熟的訊號。用木鍋鏟刮過鍋底，麵粉糊會馬上流回，不會留下刮痕（照片d）。奶油麵糊就完成了。

4　將澄清湯分7～8次倒入（照片e）。一開始先加入約50ml，充分攪拌混合成一小團，暫時降低鍋內溫度以防止麵糊與澄清湯分離。轉小火，再依相同方式分次加入澄清湯並拌勻。

5　當加入約一半的澄清湯後，麵糊會變得滑順（照片f），此時改用打蛋器，再將剩餘的澄清湯倒入拌勻（照片g），表面出現光澤並呈黏稠狀即完成（照片h）。

焗烤牡蠣

處理牡蠣時要特別小心謹慎,因為如果不慎劃傷牡蠣肉,會破壞它的渾圓飽滿感,這麼一來就白費工夫了。在製作醬汁的後半步驟中加入鮮奶油,能夠避免醬汁流動,並烤出漂亮的焦色——這是專業廚師才懂的技巧。此外,用高溫快速烘烤是料理的關鍵。因為如果用低溫慢慢烤,牡蠣肉質會因為烤得過久而變硬。

材料 2人份

牡蠣…2顆(帶殼1顆225g)

雞肉澄清湯(請參照P.8)

　　…適量(50～80ml)

天鵝絨醬(請參照P.18)…100g

鮮奶油…50ml

鹽…0.5g

━ 直徑15cm的鍋子

1 使用刀子等工具,從殼頂的另一端插入剖開牡蠣殼(照片a),汁液用篩網過濾。若從側邊插入刀子容易傷及牡蠣肉,請特別留意。將上殼取下,小心翼翼取出牡蠣肉(照片b)。滲出來的汁液要一一過濾。快速清洗牡蠣肉。

2 將牡蠣汁液(此時約濾得50ml)及雞肉澄清湯倒入鍋中,合計共100ml的量,以大火煮沸後,放入牡蠣肉快速燙熟。煮到鰓打開就可以了(照片c)。用鋪了廚房紙巾的濾勺來過濾煮好的湯汁。

3 將濾好的湯汁倒回鍋中,加入天鵝絨醬,使其完全融化。開小火,加入20ml的鮮奶油與鹽,攪拌均勻。

4 將30ml的鮮奶油放入調理碗中,打發到有些粗糙的膨鬆口感即可(照片d)。

5 於牡蠣殼中鋪上一層**3**的醬汁,放上牡蠣,再從上方淋上醬汁蓋過牡蠣(照片e)。醬汁留約1/4的量備用。

6 將**4**加入剩餘的醬汁內,打散混合拌勻,接著淋滿**5**的表面。

7 放入高溫(約200℃)的烤箱內,烤至表面微焦。

[天鵝絨醬]的應用料理

法式香煎扇貝

為了便於調整醬汁的濃度，天鵝絨醬在分量上的拿捏有很大的彈性空間。您當然可以依照個人喜好來調整分量，而我個人偏好比較滑順的口感，所以我都使用100g的量。最後的發泡步驟是為了拌入空氣，藉此讓口感更加輕盈，咖哩風味也能更突出。您也可以改用打蛋器。烹煮重點在於扇貝絕對不能煎過頭！剛開始先以大火煎，翻面後利用鍋中餘熱微煎即可。

材料 2人份

扇貝…4顆（帶殼1顆245g）
咖哩粉…1g
雞肉澄清湯（請參照P.8）…50ml
天鵝絨醬（請參照P.18）…80～100g
鮮奶油…10ml
鹽…1g
橄欖油…15ml
鹽、黑胡椒…各少許

— 直徑15cm的鍋子、直徑24cm的平底鍋

1 打開扇貝的殼，將貝柱、裙邊、其他部位分開。裙邊放入篩網，撒上鹽，藉篩網摩擦表面去除黏液，接著洗淨並瀝乾水分。

2 將咖哩粉放入鍋中，以大火煎煮，釋放出咖哩香。轉為中火，加入澄清湯、天鵝絨醬及鮮奶油，攪拌均勻。利用天鵝絨醬調整成個人喜好的濃度後，加入鹽拌勻。

3 將10ml的橄欖油倒入平底鍋，以大火熱鍋，燒熱後再將貝柱放入煎煮。新鮮的貝柱會漸漸往側邊倒，請利用平底鍋的鍋緣來支撐貝柱，維持正面朝上煎煮（照片a）。

4 正面朝上定形後，將貝柱移回中央平放，用廚房紙巾擦去多餘油脂。將火轉小，貝柱底部周圍煎出一圈金黃色後即翻面（照片b），熄火。撒上鹽及胡椒，利用鍋中餘熱將背面微煎出淺黃色。煎至側面膨脹起來，按壓時富有彈性時最佳。

5 平底鍋中倒入5ml的橄欖油，以大火熱鍋，快速煎煮裙邊。

6 將**2**倒入手持式食物調理機，攪打至起泡。

7 將**4**與**5**擺到扇貝殼上，再淋上**6**。

[天鵝絨醬]的應用料理

法式白醬冰鎮雞柳

這道白醬冰鎮料理，是先冷卻加熱過的肉類或魚類，再利用醬汁來固定其表面的冷盤料理。因為利用吉利丁來定型，所以醬汁可以很平均地吸附於表面。雞肉則放入美味的澄清湯中慢火煨煮後，優雅起鍋。這道熱烹冷食料理的最佳境界，是表面看起來既具光澤感又滑順。因此醬汁要淋上雞肉時一定要豪邁，千萬不能小氣。稍有猶豫，就會使醬汁分布不均勻。

材料 2人份

雞胸肉⋯1塊（去除皮、油脂和筋120g）
吉利丁片⋯3g（為液體的3%）
雞肉澄清湯（請參照P.8）⋯70ml
奶油⋯5g
天鵝絨醬（請參照P.18）⋯85g
鮮奶油⋯20g
迷你甜椒⋯適量
鹽⋯適量

━━ 直徑24cm的平底鍋、直徑15cm的鍋子

1 雞肉先去除皮、油脂、筋。雞皮留下備用。肉塊正中央的筋也要取出，再從中切開成兩塊（照片a）。表面的薄膜也要撕除（照片b）。撒上0.5g的鹽，置於室溫下15分鐘。

2 將吉利丁片放入冰水中泡軟。

3 將澄清湯倒入平底鍋或是口徑較大的鍋子，以中火加熱，開始溫熱時放入雞肉和奶油，將火轉大一些（照片c）。約1分鐘後翻面，肉塊較厚的部分浸在湯汁中，平均受熱（照片d）。熄火，雞肉塊浸放於湯汁中，利用餘熱繼續加熱，直到雞肉溫度降至室溫。將雞肉放到有濾油網架的鐵盤上，放入冰箱冷藏。

4 湯汁用濾勺過濾後，倒入鍋中。加入天鵝絨醬、鮮奶油、鹽0.5g，攪拌均勻。溫度升高後，將泡軟的吉利丁片放入溶解。若是湯汁過熱會導致吉利丁無法凝固，請留意。保持在50～60℃最佳。

5 召**4**的醬汁淋上雞肉（照片e），醬汁完全覆蓋其中一面，請勿碰到醬汁以免表面留下痕跡。放入冰箱冷藏5～10分鐘，直到凝固。這個步驟重複2～3次，使表面出現光澤感。

6 將甜椒切成圓片，以少許鹽涼拌。將雞皮放入平底鍋，以小火煎煮兩面，過程中不斷按壓雞皮。

7 將**5**與**6**盛盤。

a

b

c

d

e

美式龍蝦醬
sauce américaine

醬汁帶有的橙色，是來自於龍蝦殼的色素。龍蝦殼經烤乾後，會散發出香氣。為此，必須將龍蝦殼放入烤箱中烤到呈仙貝狀，酥酥脆脆。不過，萬萬不能烤焦了，否則會烤出苦味。這道醬汁的特色在於融合了龍蝦的濃郁鮮味與香氣，以及甲殼類特有的甜味，堪稱絕品。我簡化了這道醬汁的製作過程，和一般食譜有些差異，因此若稱這道醬汁為「龍蝦高湯」，我想也無傷大雅。

材料 方便製作的分量
龍蝦殼…1kg
大蒜…2顆（65g）
A ┌ 法國白蘭地…250ml
   ├ 法國苦艾酒…250ml
   ├ 雞肉澄清湯（請參照P.8）…1ℓ
   └ 水…2ℓ

━━ 直徑24cm的深鍋
保存 冷藏可保存3～4天。
冷凍則可保存1個月（使用時再加熱）。

1 將龍蝦殼切成適當大小，不重疊地排列在烤盤上，放入140～150℃的烤箱中烘烤。約15分鐘後將龍蝦殼翻面，再烤5～10分鐘，將水分烤乾，但留意不要烤焦（照片a）。

2 將帶皮的大蒜橫切成兩半，與1及A一同放入鍋中（照片b）。以大火熬煮約1小時，一面將浮出的浮沫撈除。

3 取兩個濾勺，中間夾廚房紙巾，過濾2（照片c）。這就是所謂的「龍蝦高湯」。

4 鍋裡再注入300ml的水，上下翻攪濾剩的龍蝦殼，刮下沾附在鍋面上的龍蝦鮮味，再重複3的步驟來過濾高湯。

5 將3與4倒入鍋中，以大火煮（照片d）。熬煮到顏色轉濃，湯量大約減半為止（照片e）。

龍蝦殼

製作美式龍蝦醬時，龍蝦殼、白蘭地與苦艾酒都是缺一不可的。我在店裡的作法，是將龍蝦肉取出料理後，不僅龍蝦殼，連細扁的蝦腳都會保留下來備用。保存方法是先用高濃度的鹽水煮過，接著切成小塊狀，瀝乾水分後再放入冷凍庫。等累積到一定的量後，再拿來熬製醬汁。

法式濃湯

法式濃湯（Bisque），是一種將甲殼類的鮮味完全提煉出來的法式湯品。這個名稱的起源眾說紛紜，有一說認為是源自介於法國與西班牙之間的比斯開灣（Bay of Biscay），還有一說認為是源自於「bis cuites」一詞，意謂兩度料理甲殼類。只要學會熬製美式龍蝦醬，此道湯品自然水到渠成，這正是其魅力所在。加入奶油增添滑順口感也相當美味，或是仿效74頁湯品的處理方式，藉由打泡帶出輕盈感，更添趣味性。

材料 2人份
美式龍蝦醬（請參照P.22）⋯200ml
鮮奶油⋯10ml
奶油⋯10g
干邑白蘭地⋯數滴
鹽⋯1g
紅椒粉⋯少許（0.5g）

━ 直徑21cm的鍋子

1 將所有的材料放入鍋內（照片a），以大火熬煮至滾沸，即可完成。

香煎奶油龍蝦

美式龍蝦醬與龍蝦堪稱絕配。因為來自同一食材，誠屬理所當然，然而透過不同的手法處
理龍蝦，兩者相得益彰，更能大大提升鮮味與濃度。若想大快朵頤一番，我建議選擇肉較
飽滿的公龍蝦。料理前處理龍蝦時取下的殼請勿丟棄，拿來煮湯底可增添龍蝦肉的風味。
腹部請帶殼炒，蝦殼有替代鍋蓋的效果。雖然無法完全與蒸煮相同，但是有助於讓整體均
勻熟透。

材料 2人份

龍蝦…1尾（530g）

鹽…0.5g

美式龍蝦醬（請參照P.22）…100ml

白蘭地…5ml

奶油…20g

高筋麵粉…適量

橄欖油…5ml

━ 直徑21cm、15cm的鍋子，直徑24cm的平底鍋

1 從龍蝦的關節處下刀，將蝦鉗切下。用菜刀從蝦鉗內側敲出裂痕。取下腹部的軟殼，菜刀從頭胸的接縫處切入，將頭胸與腹部一分為二。

2 撥開頭胸部位，將蝦膏及蝦卵取出備用。去除不能食用的胃、鰓等部位。胸部從側邊下刀縱切，並將細腳切下。腹部也縱向對切成兩半。在腹部蝦肉上撒鹽，靜置5分鐘左右。除了蝦鉗及腹部以外，將所有帶殼的部位切成適當大小。

3 煮滾一鍋熱水，蝦鉗及腹部除外，將帶殼的部位全部放入。再次沸騰後，加入蝦鉗，滾沸後熄火，靜置冷卻。

4 將美式龍蝦醬及白蘭地倒入小鍋中，以大火煮沸後，加入奶油燉煮，煮到個人偏好的濃度為止。蓋上鍋蓋，維持一定溫度以確保奶油不會凝固。

5 將3放入篩網，從關節處將蝦鉗分開，從鉗的兩側切入，取出蝦肉，去除鉗尖。蝦腳也同樣取出蝦肉。這過程中流出的白色液體帶有腥臭味，請用水清洗後瀝乾。

6 將腹部蝦肉裹上一層高筋麵粉。滴橄欖油入平底鍋，將腹部的蝦肉朝下放入，以中火煎煮。蝦肉可能會翻過來，請壓住腹殼確實煎熟。

7 煎出令人垂涎的焦色後，轉為極小火，加入少許奶油（分量外），移動蝦肉使奶油完全滲透底部，熄火靜置約30秒～1分鐘。蝦殼煎熟會變紅色，請煎到腹殼與平底鍋接觸面約1cm轉紅為止。

8 用湯匙等用具將蝦肉從蝦殼中挖出，盤內鋪上一層醬汁，將腹部及5的蝦肉連殼一同盛盤。

再來一道！
香煎蝦膏排

材料
龍蝦膏…1尾份
鹽…少許
高筋麵粉、蛋液、橄欖油…各適量
美式龍蝦醬（請參照P.22）…適量

1 擦拭掉蝦膏的水分，撒上鹽。裹上高筋麵粉，接著均勻沾滿蛋液。

2 橄欖油加入平底鍋中熱鍋，將1倒入以中火煎。當周圍開始發出噗滋噗滋聲時，將剩餘的蛋液倒入，開始膨脹時翻面，以小火煎。盤內鋪上一層美式龍蝦醬，即可盛盤。

貝夏媚醬
sauce béchamel

貝夏媚醬是法式料理的經典醬汁，也是我們所謂的「白醬」。材料只有三種，分別為麵粉、奶油與牛奶，其基本比例約1：1：10。原本作法是利用隔水加熱等方式來融化奶油，取得純化過的奶油，也就是使用「澄清奶油」（又稱純化奶油、無水奶油），然而這步驟會濾掉帶有鮮味的乳清蛋白。因此，我選擇直接使用奶油，力求完整保留奶油最原始的香醇風味。

材料 方便製作的分量
高筋麵粉…50g
奶油…50g
牛奶…500ml

鍋 直徑21cm的鍋子

1 先製作奶油麵糊（請參照P.18，步驟 **1 ～ 3**）。

2 將牛奶分7 ～ 8次倒入奶油麵糊中。一開始先加50ml左右，好好拌勻成一團。熄火，再加入約70ml的牛奶，充分拌勻成團（照片a）。先熄火是為了避免因為溫度差而產生顆粒。陸續再加入牛奶拌勻，加到第4次時開小火煮。

3 加入約3/4的牛奶後，麵糊就會漸漸變得滑順。當鍋面開始變乾時，利用橡膠鍋鏟等將鍋面刮乾淨（照片b）。接著改用打蛋器，將剩餘的牛奶加入充分拌勻（照片c）。此時，鋁製用具如果接觸到鍋子會導致色料釋出，因此攪拌時請勿碰到鍋面。攪拌到表面出現光澤，呈黏稠的狀態即完成（照片d）。

莫爾奈醬
sauce mornay

貝夏媚醬中加入其1/10量的乳酪，就成了莫爾奈醬。您可依個人喜好來選擇乳酪種類，像是格律耶爾乳酪等等皆可；我選用的是較濃郁且鮮甜的帕瑪森乳酪。貝夏媚醬一旦冷卻就會凝固，所以一開始先加水是為了讓醬汁更容易攪開。如果是剛做好的貝夏媚醬，就不需要再加水了。

材料 方便製作的分量
貝夏媚醬（請參照左方作法）…200g
帕瑪森乳酪…20g

鍋 直徑18cm的鍋子
保存 冷藏可保存3天。請盡早食用完畢。

1 在鍋中注入20ml的水煮至沸騰。加入貝夏媚醬（照片a），以中火加熱使其融化恢復原狀。

2 當醬汁變得滑順後熄火（照片b），加入帕瑪森乳酪攪拌混合。不必攪和到像格律耶爾乳酪那般黏稠，完成品稍微有點沙沙的口感（照片c）。

阿勒曼德醬
sauce allemande

加入麵粉的白醬，以貝夏媚醬為首，衍生出的類型五花八門。這道阿勒曼德醬就是其一。對於這道醬汁，在定義上仍眾說紛紜，有些作法是以天鵝絨醬為基底，有些則是加入鮮奶油或檸檬汁；我個人是把加了蛋黃的莫爾奈醬稱為「阿勒曼德醬」。其實也可以說成是貝夏媚醬裡加了乳酪和蛋黃啦。

材料 方便製作的分量
莫爾奈醬（請參照P.26）…50g
蛋黃…1顆

保存 不建議先做起來存放，需要時再製作即可。

1 將莫爾奈醬放入調理碗，用打蛋器攪散。

2 加入蛋黃（照片a），攪拌均勻（照片b）。

洋蔥白醬
sauce soubise

經充分拌炒而釋放出甜味的洋蔥，和貝夏媚醬結合在一起，就成了洋蔥白醬。醬汁的濃度可依用途來調整，但是務必要在用濾勺過濾前，加入「水」調整。如果加入牛奶，勢必會蓋過特地炒出來的洋蔥香氣。請將洋蔥的美味發揮到淋漓盡致。

材料 方便製作的分量
洋蔥…1顆（130g）
奶油…20g
貝夏媚醬（請參照P.26）…200g
鮮奶油…40g
鹽…1g

━ 直徑18cm的鍋子
保存 冷藏可保存3～4天。請盡早食用完畢。

1 洋蔥切成薄片。將洋蔥、奶油、水約100ml加入鍋中，以中火炒，並不時攪拌。加水的目的在於防止炒焦，使洋蔥完全熟透而完全釋放出甜味。逐次補水以免水分炒乾，煮到呈白色狀。

2 洋蔥釋放出甜味後，加入貝夏媚醬（照片a）。此時的洋蔥要炒乾水分。稍微攪拌後加入鮮奶油，再煮一會兒，使醬汁吸飽洋蔥香。加入鹽調味。

3 用濾勺過濾。使用湯勺等用具自上方按壓，將醬汁擠出（照片b）。

焗烤馬鈴薯牛肉

這道住餚是法式馬鈴薯料理的代表，深受大家喜愛。醬汁加水是為了調整貝夏媚醬的濃稠度。如果是剛做好的醬汁就不必再加水。馬鈴薯帶點黏性較美味，但又想同時享用它的口感，因此充分拌勻但也不要壓得過細。

材料 1盤份

＊長27×寬16×深4cm的焗烤盤

馬鈴薯…4顆（300g）

洋蔥…1顆（100g）

大蒜…1瓣（5g）

牛絞肉…200g

奶油…10g

鹽…4g

黑胡椒…適量

A ┌ 水（或是牛奶）…15ml
　├ 貝夏媚醬（請參照P.26）…150g
　└ 鮮奶油…50g

牛奶（依個人喜好添加）…50ml

白胡椒…適量

帕瑪森乳酪…30g

── 直徑24cm的平底鍋

1 水煮馬鈴薯（請參照P.66）。洋蔥及大蒜切成細末。

2 將奶油放入平底鍋，開中火來炒牛絞肉。剛開始一面攪散一面慢慢壓碎絞肉（照片a），不斷翻炒直到碎肉開始跳動，發出啪滋啪滋聲，飄散出牛肉香為止。撒上鹽1g。

3 加入洋蔥、大蒜，轉小火，炒至洋蔥熟透。撒上黑胡椒攪拌，再撒上鹽1g。平鋪於焗烤盤。

4 將A放入平底鍋，開小火，攪拌均勻，撒上鹽2g。馬鈴薯削皮切成適當大小後加入鍋內，粗略壓碎攪拌混合。如果想品嚐較濕潤的口感，可加入牛奶拌勻，再撒上白胡椒。

5 將**4**倒入焗烤盤（照片b），撒上帕瑪森乳酪。放入200℃的烤箱中，烤至表面上色。

白醬燉蕪菁

我將這道料理拿來當作肉類或魚類燒烤料理的配菜。蕪菁雖然黏呼呼的，但不要壓得太碎，保留住口感的層次最為理想。享用時若配上羅克福乳酪，味道會更出色。除了蕪菁，也能夠自行變化，使用像是白菜或高麗菜等可以煮得軟爛的蔬菜。

材料 2人份

蕪菁…5～6顆（560g）

水…300ml

奶油…45g

鹽…5.5g

貝夏媚醬（請參照P.26）…120g

鮮奶油…15g

粗磨黑胡椒粒…適量

━━ 直徑21cm的鍋子、
直徑24cm的平底鍋

1 將蕪菁的根部帶皮切成2～4等分，再切成薄片。將蕪菁、水、奶油35g加入鍋中，以大火煮。邊煮邊壓碎蕪菁，煮至軟爛（照片a）。

2 將蕪菁葉的莖切除，再切大段。

3 將**1**煮到呈黏糊狀後，加入鹽4.5g和貝夏媚醬攪拌混合。

4 平底鍋中放入奶油10g，開大火，放入**2**及鹽1g，快速翻炒。

5 將**4**加入鍋中攪拌（照片b）。加入鮮奶油拌勻，撒上胡椒。

法式火腿奶酪可麗餅

製作可麗餅的麵糊要滑順，比較不會失敗，也更美味。要觀察狀況來調整牛奶的用量，能試煎看看更好。希望能一鼓作氣煎好餅皮，所以必須要用較大的火候。看到周圍出現焦色時即可翻面，另一面迅速煎一下即可。麵糊流動時若發出吱吱聲響就表示煎好了。內餡和醬汁裡都加了貝夏媚醬，可以享用雙倍的好滋味。

a

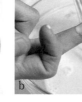
b

c

d

e

f

焗烤芋頭

材料

[可麗餅餅皮] 直徑18cm的可麗餅
　　約7片份
全蛋…1顆
高筋麵粉…40g
牛奶…130ml
鹽…0.5g
榛果奶油（請參照P.66）…10g
奶油（或是沙拉油）…適量

[內餡] 可麗餅2片份
孔泰奶酪…60g
貝夏媚醬（請參照P.26）…100g
生火腿…2大片

[醬汁] 可麗餅2片份
貝夏媚醬（請參照P.26）…40g
牛奶…40g
鹽…1g

—— 直徑24cm（鍋底18cm）的平底鍋及小鍋

1 [可麗餅餅皮] 將蛋及高筋麵粉放入調理碗，用打蛋器充分攪拌直到出筋為止（照片a）。

2 逐次倒入一點牛奶攪拌混合。試著用手指撈起，濃度要調整到可以從手指流下不殘留的程度（照片b）。加入鹽攪拌，再將榛果奶油加入拌勻後，用濾勺過濾。

3 平底鍋中放入少許奶油，以中大火加熱使奶油融化，開始冒煙時將**2**倒入，先倒約1/7的量。轉動平底鍋，讓麵糊在鍋底全面延展開來，再將多餘的麵糊倒回調理碗（照片c）。將超出鍋底的部分去除，周圍煎到上色時就翻面（照片d）。靜待一會兒再取出。剩餘的麵糊也以相同方法煎成餅皮。

4 [內餡] 孔泰乳酪切成1cm的丁狀。將乳酪與貝夏媚醬放入鍋中，以小火煮，充分攪拌使其完全融為一體。

5 [塑形] 將餅皮先煎的那面朝下，生火腿橫向擺上，再將**4**約1/2的量橫向倒在中央（照片e）。將左右向內摺壓妥，再從下往上捲起（照片f）。

6 [醬汁、完成] 將醬汁的材料全部倒入鍋中，開大火使其融化混合。將**5**盛盤，淋上醬汁。

充滿濃濃帕瑪森乳酪風味的醬汁，跟任何食材都能搭配得天衣無縫。薯類當然不用說，和其他根莖類或是葉類食材也都十分對味。使用通心麵等的正統焗烤搭配上這種醬汁也很不錯。小芋頭用水煮的方式處理也無妨。我喜歡以滾刀切法將小芋頭不規則切塊。如此一來，不僅能享用大小不一帶來的多層次口感，烘烤的濃淡滋味也更分明，可說是效果顯著。

材料 2盤份

＊直徑15cm，容量200ml的耐熱盤
小芋頭…3～4顆（240g）
A ┌ 鮮奶油…40ml
　├ 水…40ml
　└ 鹽…1g

莫爾奈醬（請參照P.26）
　…200g
白胡椒…少許
帕瑪森乳酪…5g

—— 直徑15cm的鍋子

1 將帶皮的小芋頭擺到耐熱容器內，再放入開始冒出蒸氣的蒸鍋中，蓋上鍋蓋，以中火蒸煮15分鐘左右（照片a）。蒸好取出後去皮，滾刀切塊。

2 將A的材料倒入鍋中，以中大火熱鍋後，加入莫爾奈醬，攪拌使其融化混合。加入胡椒及帕瑪森乳酪拌勻。完成品呈現滑順的狀態（照片b）。

3 將小芋頭放入耐熱盤，並將**2**倒入（照片c）。放入高溫（約200℃）的烤箱中，烤至表面出現焦色為止。

［洋蔥白醬］的應用料理

白醬燉綜合菇雞塊

洋蔥白醬融合了貝夏媚醬與洋蔥，也是一道非常適合搭配燉煮料理的醬汁。為了避免雞肉煎到側翻，我通常都會從雞肉面來煎，不過這次使用的雞肉已經去筋，而且也切成小塊，所以從雞皮面來煎也不成問題。不過基本作法還是一樣的。菇類的種類和用量，可依個人喜好來決定。菇類一方面吸足雞肉鮮味，加熱時也會漸漸釋放出本身的鮮美汁液，因此可使醬汁的美味度更上層樓。

材料 2～3人份

雞腿肉…2片（500g）

鹽…3.5g

菇類（杏鮑菇、香菇、蘑菇、鴻禧菇、舞菇等）…合計350g

黑胡椒…少許

洋蔥白醬（請參照P.27）…50g

━ 直徑26cm的平底鍋

1 先將雞肉去筋，為避免因煎烤而縮水，切成比一口稍大的肉塊。撒上鹽2g，搓揉使其入味，靜置於室溫下最少15分鐘。去除菇類的根部，切成方便食用的大小。

2 將雞肉放入平底鍋，雞皮朝下以中火煎煮。雞肉會漸漸跑出油脂，移動肉塊使其在平底鍋上滑動，下方隨時都保持有油脂的狀態。煎煮的同時，用湯匙舀起油脂淋上雞肉。如果油脂太多，可將多餘的油脂取出。不過這些油脂還要用來炒菇類，所以不要取出太多。

3 雞肉表面開始滲出透明的肉汁，雞皮煎出美味的色澤後翻面。

4 雞肉的內側稍微煎上色後，加入菇類。

5 稍微攪拌，讓菇類吸收雞肉的鮮味，再加入鹽1.5g與胡椒一同拌勻。

6 菇類吸取雞肉油脂後，倒入洋蔥白醬。

7 用大火煮至沸騰。洋蔥白醬受熱後會變得滑順，再加上菇類也會釋出鮮甜水分，因此完成的醬汁會相當柔滑。

[阿勒曼德醬]的應用料理

舒芙蕾

請選用側面筆直的杯模來製作舒芙蕾。如果杯模有高低差，麵糊就無法順利往上膨脹，因此麵糊請加到凹凸處的高度。倒入麵糊後，務必要沿杯緣將凹凸處以上會阻礙膨脹的奶油和麵粉擦掉。一開始先用微波爐加溫是為了避免失敗。直接用火加熱的理由亦同。製作舒芙蕾時，費點小功夫讓麵糊先稍微膨脹，可以大大提升成功的機率。

材料 2個份
＊直徑8cm、容量160ml的烤杯
阿勒曼德醬（請參照P.27）…50g
A ┌ 蛋白…80g
　├ 鹽…1g
　└ 塔塔粉 [膨脹劑] …2.4g
帕瑪森乳酪…5g
奶油、高筋麵粉…各適量

1 烤杯內側塗滿薄薄一層奶油，撒上高筋麵粉，將多餘的麵粉倒出（照片a）。放入冰箱冷藏。

2 將A倒入調理碗，徹底打發到直挺為止（照片b）。

3 將阿勒曼德醬與帕瑪森乳酪倒入另一個調理碗中，撈一匙**2**放入拌勻（照片c）。再將剩餘的也倒入，俐落地拌勻。

4 將**3**倒入烤杯，量大約到烤杯上方凹凸處，容量約130ml。將凹凸處的奶油及麵粉擦掉（照片d）。

5 用微波爐（500Ｗ）先加熱15秒。鐵盤上先擺烤網，再擺上烤杯，注滿熱水，直接以大火煮。當周圍開始膨脹起來（照片e），放入200℃的烤箱中隔水烘烤10分鐘。

a

b

c

d

e

第 2 章 褐色醬汁

直接強調食材本身鮮味的醬汁

褐色醬汁和白色醬汁一樣，都可歸類為經典醬汁。不過，我還是想整理出來在此章節獨立介紹給各位。過去的作法，白醬是將麵粉炒至呈白色狀，不得炒焦；反之，褐色醬汁則必須炒到帶焦色。可能是受過去的影響，現在的食譜中也可看到「篩麵粉」的情景。此外，使用褐色高湯「牛肉高湯」來製作褐色醬汁已是約定俗成的作法。因為牛肉高湯滋味醇厚且鮮味濃烈，可提高料理的存在感。

里約醬
sauce lyonnaise

里約是洋蔥盛產地，這道醬汁即以此地名來命名。醬汁味道的關鍵，在於洋蔥必須炒到軟爛且呈褐色。洋蔥加熱後會變甜，通常會加水拌炒更能有效帶出甜味。然而在這道醬汁中，我使用白酒代替水來完成這個任務。這步驟需要一個勁地翻炒，使洋蔥甜味釋出，並讓白酒的酸味揮發。如此一來，就能散發出更濃厚的甜味與鮮味，滋味更具深度。鍋面上殘留的焦褐色部分都是鮮味精華，請確實刮下溶入醬汁中。

材料 方便製作的分量
洋蔥…3顆（450g）
大蒜…30g
奶油…40g
白酒…750ml
牛肉高湯（請參照P.10）…1ℓ

━━ 直徑21cm的鍋子
保存 冷藏可保存1週。
冷凍則可保存1個月（使用時再加熱）。

1 將洋蔥切成薄片。大蒜對切成半。

2 將奶油及**1**放入鍋中，以中火炒，邊炒邊攪拌以免燒焦沾鍋。

3 鍋緣開始呈淡褐色、水分減少時，倒入約100ml的白酒（照片a）。同時將淡褐色的部分刮下攪拌。以同樣的方式，當水分減少時就重複加白酒翻炒，並一次次將鍋面上的焦褐色部分刮下來，使其甜味回歸到洋蔥內（照片b）。

4 洋蔥變得黏稠且呈深褐色後（照片c），加入牛肉高湯，轉大火熬煮。沸騰後轉為小火，若出現浮沫就撈除。熬煮到剩下約一半的量時，以濾勺過濾。使用湯勺等自上方擠壓，將醬汁充分擠出（照片d）。

惡魔芥末醬
sauce diable

這道醬汁的名稱直譯的話就是「魔鬼沾醬」，因為帶有辛辣味而得此名。原本都是加入第戎芥末醬，然而我認為日式芥末肯定更具風味。所以我使用黃芥末醬來凸顯辣味。要注意的重點，是在加入芥末醬後要先熄火，以免特意增添的辛辣味因此揮發。還有一點，一般的奶油若是要加到帶酸味的醬汁中，風味稍嫌不足。因此我選用榛果奶油（焦化奶油）來提升濃度和力道。加入研磨黑胡椒也可增添料理的層次。

材料 方便製作的分量

里約醬（請參照P.36）…150g

奶油…5g

紅蔥頭（或是洋蔥）…15g

黑胡椒粒…10粒

白酒醋…20ml

榛果奶油（請參照P.66）…15g

伍斯特醬…5ml

黃芥末醬…10g

▬ 直徑15cm的鍋子

保存 冷藏可保存1週。

冷凍則可保存1個月（使用時再加熱）。

1 將紅蔥頭切成細末，胡椒粒壓碎。

2 將奶油、紅蔥頭放入鍋中，以中火拌炒。炒至水分蒸發後，加入白酒醋，轉大火燉煮收汁。水分收乾後，加入胡椒快速拌炒，再加入里約醬（照片a）。

3 製作榛果奶油備用，待**2**煮沸後再一口氣全部加進去攪拌至乳化。以大火燉煮至剩下1/2的量，再加入伍斯特醬拌勻（照片b）。加入黃芥末醬後立即熄火，充分攪拌均勻。

酸黃瓜洋蔥醬
sauce charcutière

這道醬汁的命名源自豬肉加工食品（Charcuterie）。最初是豬排香煎後會淋上的醬汁，後來「淋醬」被獨立出來成為一道醬汁。這道醬汁的基底是帶有酸味的里約醬。和惡魔芥末醬一樣，這道醬汁也結合了榛果奶油，倒入的時機很重要，必須在滾沸時一口氣全部倒入，不必攪拌即會有乳化作用。酸黃瓜是必加食材，不過酸黃瓜會釋放出酸味，因此不要煮過頭，並保留它清脆的口感。

材料 方便製作的分量

里約醬（請參照P.36）…200g

洋蔥…1/2顆（50g）

酸黃瓜…20g

奶油…8g

白酒醋…20ml

榛果奶油（請參照P.66）…15g

黑胡椒…適量

鹽…0.5g

▬ 直徑15cm的鍋子

保存 冷藏可保存3～4天。

1 將洋蔥切成細末，酸黃瓜切小片。

2 將奶油及洋蔥放入鍋中，以中火不斷拌炒出香氣，但不要炒到上色。炒得有些乾並開始冒泡時，加入白酒醋一起拌炒（照片a）。炒到水分蒸發後，再加入里約醬，以大火燉煮。

3 製作榛果奶油備用，當**2**煮沸時再一口氣全部加入（照片b），攪拌至乳化。加入大量胡椒、鹽拌勻。最後加入酸黃瓜，稍微攪拌後即可熄火。

[里約醬] 的應用料理

簡易法式香腸

這裡我要介紹的香腸可以自己動手做，不必灌香腸只要簡單塑形就行。香腸的內餡材料，和法國的漢堡肉排（Bitokes）一樣。帶有大蒜及生薑風味是其特色。製作絞肉料理關鍵的重點，在於必須帶出肉的黏性，使其「相連」。必須充分搓揉至會拉絲的程度為止。加熱方式也可以採用平底鍋空燒法，若採用此法，請用鋁箔紙代替保鮮膜來捲絞肉。搭配香草或辛香料類應該也不錯，不過我認為純樸的調味更顯肉質的鮮美，里約醬的滋味也能更加突出。

材料 2條份，直徑4cm×長度20cm

綜合絞肉［牛豬比例7：3］…500g
鹽…4.5g（肉的0.9%）
黑胡椒…0.45g（鹽的10%）
A ┌ 洋蔥…20g
　├ 大蒜…1/2瓣（3g）
　├ 薑…3g
　└ 水…50ml
里約醬（請參照P.36）…200g
榛果奶油（請參照P.66）…20g
喜歡的葉菜類（西洋菜等等）
　…適量

1 將A放入攪拌機內攪拌。或者碾碎攪拌亦可。

2 將絞肉、鹽、胡椒放入調理碗內充分搓揉，直到絞肉的紋路顆粒全消失呈肉醬狀，貼合碗底為止。

3 加入**1**，再次充分搓揉至拉絲為止。

4 將**3**的絞肉取出約1/2的量，放於平鋪的保鮮膜上。保鮮膜建議的大小為長40cm×寬30cm。

5 將保鮮膜包覆絞肉由下往上捲，以避免空氣進入。一開始就先做好一定程度的定形，空氣就比較難進入。將兩側多餘的保鮮膜扭轉後，往中心方向折。

6 配合香腸的長度裁切保鮮膜，抓住兩側一齊捲起。

7 使用風箏線捆綁**6**，約綁3～4處。綑綁外側時要繞兩圈再打結，以避免鬆脫。

8 鍋裡注滿熱水並煮沸，將**7**放入，保持在85℃煮30分鐘。熄火，放置靜待熱水冷卻，降至室溫。

9 將里約醬倒入小鍋子，以大火加熱。製作榛果奶油備用，當醬汁開始噗滋噗滋冒泡時再加入，充分攪拌至乳化。

10 將**8**的風箏線及保鮮膜拆下，放入平底鍋，以小火煎，並不時翻轉，讓香腸受熱並於表面煎出美味的色澤。盤內鋪上喜歡的葉菜，將香腸盛盤，接著淋上**9**。

[里約醬] 的應用料理

牛絞肉洋蔥嫩炒蛋

「黏呼呼」是完美嫩炒蛋的必要條件！美式炒蛋是用大火，一氣呵成煎炒；而法式炒蛋則是用小火，不間斷地攪拌慢炒。慢慢加熱的步驟至關重要，所以我選用較小的平底鍋，讓蛋液有一定的高度。因為如果蛋液薄薄一層會馬上就熟透。另外，蛋液中加入鮮奶油（水分），也是為了使蛋液更耐溫耐炒。不放入餡料一起炒，也是一樣的要領。這道料理和里約醬搭配起來相當美味，讓人欲罷不能，麵包一口接著一口。

材料 1～2人份

牛絞肉⋯100g
洋蔥⋯1/2顆（50g）
鹽⋯1.5g
黑胡椒⋯適量
蛋⋯3顆
鮮奶油（牛奶或水亦可）⋯15ml
奶油⋯6g
里約醬（請參照P.36）⋯100g
麵包⋯適量

━━ 直徑24cm的平底鍋

1 將洋蔥切成細末。

2 將牛絞肉放入平底鍋，以小火炒。慢炒將絞肉攪散。仔細攪散直到帶紅的絞肉變色，再加入洋蔥及鹽（照片a），繼續拌炒。

3 炒到絞肉完全釋出油脂，洋蔥水分收乾後，以大火炒至上色。撒上胡椒並快速攪拌後，平底鍋移開爐火使其稍微冷卻（照片b）。

4 將蛋打入調理碗中，並取出蛋繫帶。加入鮮奶油，充分攪拌把蛋白打散混合（照片c）。

5 將**4**加入**3**稍微攪拌，以小火慢慢加熱。周圍會開始凝固，因此要不斷從鍋面刮起往中央攪拌（照片d）。開始凝固成一塊時，倒入增添風味用的奶油，攪拌均勻，黏呼呼的滑嫩炒蛋就完成了（照片e）。在盤底鋪一層里約醬，將嫩炒蛋盛盤，佐上烤好的麵包。

[惡魔芥末醬] 的應用料理

法式串燒

法語的「Brochette」指的就是串燒,是相當樸實的料理。燒烤的重點在於:離火一段距離,以中火來燒烤,慢慢烤、不烤焦。想烤出色澤隨時都可以,所以此時要以烤熟為優先。考慮到加熱狀況,將肉類與蔬菜類分開串是比較聰明的做法。如果家中沒有能夠隔開距離來加熱的烤網,使用烤魚用的燒烤架也無妨。

材料 2人份

豬梅花…1.5cm厚2片(1片100g)
雞腿肉…1片(280g)
鹽…3g
橄欖油…適量
洋蔥…1顆
青椒…2顆
惡魔芥末醬(請參照P.36)…100g

1 將豬肉切成3等分。雞肉帶皮切成6等分。一面轉動鐵串,一面將雞肉的雞皮朝下與豬肉兩兩相間串起。

2 將肉面撒鹽輕輕按壓入味,再取橄欖油淋上雞皮(照片a)。

3 烤網直接火烤,充分受熱後,將2雞皮朝下擺於烤網上,離火一段距離以中火燒烤。烤至表面呈現美味的焦色後翻面,兩面都要烤勻。流出透明帶紅的肉汁,即完成(照片b)。

4 以扇形切法將洋蔥切成稍厚的塊狀。青椒先縱切成兩半,再橫切對半後,用鐵串分別串起,隔一段距離以中火燒烤。

5 將3與4盛盤,淋上加熱好的惡魔芥末醬。

a

b

普羅旺斯羊小排

雖然種類不同，但是肉類的煎法基本上大同小異。帶有脂肪的肉，要把脂肪徹底煸出。如此一來就會釋出大量油脂，請將多餘的油脂倒掉，否則就變成「油炸」了。「肉塊下方要保持夠煎的油量」是不變的鐵則。之後放入烤箱再加熱時，一樣必須「烤出美味的金黃色澤」才算完成。羊小排塗上第戎芥末醬，不但能讓麵包粉更好附著，還能增添辣味，與惡魔芥末醬中黃芥末醬的滋味迥然不同。

材料 2人份

小羊里肌肉（帶骨）…4根（450g）
鹽（羊肉用）…2g
番茄…2顆（280g）
鹽（番茄用）…1g
蒜油（請參照P.66，或是少許蒜泥亦可）
　　…2小匙
A ┌ 麵包粉…25g
　├ 義大利荷蘭芹（切細末）…6g
　├ 大蒜（磨成泥）…3g
　├ 鹽…0.5g
　├ 黑胡椒…少許
　└ 橄欖油…10ml
第戎芥末醬…16g
惡魔芥末醬（請參照P.36）…40g

━━ 直徑26cm的平底鍋

1 將小羊排撒上鹽，輕輕按壓入味，置於室溫下至少15分鐘。

2 番茄橫切成半，撒鹽並塗抹蒜油。放入170～180℃的烤箱中烤5～10分鐘。

3 將A放入調理碗中攪拌。利用手掌搓揉混合，讓其他材料都染上義大利荷蘭芹的顏色與香氣。

4 將**1**放入平底鍋，肥肉朝下立起，以中火煎煮，同時邊將釋出的油脂舀起往肉上淋。煎出美味的金黃色澤後（照片a），將羊排暫時起鍋，倒掉多餘的油脂後再放回平底鍋，一樣邊煎邊澆淋熱油，將兩面都煎熟（請參照P.79，步驟**4**、**5**）。

5 將**4**塗上芥末醬，再抹上**3**並輕輕按壓使其結合（照片b）。放入小烤箱中烤至麵包粉金黃酥脆、香氣四溢為止。

6 盤內鋪上一層熱好的惡魔芥末醬，再將**2**、**5**盛盤。

a

b

[酸黃瓜洋蔥醬] 的應用料理

香煎馬鈴薯梅花豬

如果回溯此款醬汁的起源，豬肉料理搭配酸黃瓜洋蔥醬是理所當然。不僅如此，這道醬汁搭配香煎牛肉或是雞肉也很對味。酸黃瓜特有的酸味能夠貼近任何食材，更能烘托出肉質的鮮甜。此外，若將酸黃瓜切成細末，瞬間有像是道餐廳料理的視覺效果。反之，如果改切細絲，則轉瞬飄散法式酒館風味。光靠切法就可以使料理的氣氛為之一變，這也是專業廚師的技巧所在。

材料 2人份

豬梅花⋯2cm厚2片（1片160g）
鹽⋯4g
橄欖油⋯5ml
馬鈴薯⋯2顆（280g）
奶油⋯10g
黑胡椒⋯適量
義大利荷蘭芹（切細末）⋯適量
酸黃瓜洋蔥醬（請參照P.37）⋯140g

━ 直徑26cm的平底鍋、小鍋子

1 在豬肉上撒鹽3g，搓揉入味後，置於室溫下30分鐘左右。將帶皮馬鈴薯切成適口大小。

2 平底鍋中倒入橄欖油及豬肉，以中火煎煮。煎到開始釋出油脂時，加入馬鈴薯，轉小火。豬肉下方保持有油脂的狀態，煎到微微上色後翻面。若豬肉表面滲出少許血水，是三分熟的狀態（照片a）。當肉塊煎至無血水則為五分熟，此時再次翻面，並加入奶油。將火轉大，煎出漂亮金黃色澤後起鍋。

3 在馬鈴薯上撒鹽1g攪拌，再加入胡椒及義大利荷蘭芹一起拌勻。置於鋪著廚房紙巾的鐵盤上，將油瀝乾。

4 將酸黃瓜洋蔥醬、**2**的豬油倒入鍋中加熱（照片b）。

5 將豬肉斜切成寬1.5cm的大小，與**3**一起盛盤，再淋上**4**。

波爾多紅酒醬
sauce bordelaise

這道醬汁濃縮了紅酒的甜味，更帶出紅蔥頭的風味，是法式料理的代表性醬汁。原則上是選用波爾多當地原產的紅酒來製作，不過也不是不能變通。大家可以依照個人喜好選用習慣的紅酒來料理。這道醬汁若用大火煮，會釋放出紅酒中帶澀味的單寧酸，因此切忌煮到滾沸，請用小火慢慢煨煮。

材料 方便製作的分量

紅酒…1ℓ

紅蔥頭…180g

牛肉高湯（請參照P.10）…1ℓ

━━ 直徑21cm的鍋子

保存 冷藏可保存1週。

冷凍則可保存1個月（使用時再加熱）。

1 將紅蔥頭切成薄片。

2 將紅蔥頭、紅酒一同放入鍋中，以中火滾沸後，轉以小火煨煮。

3 煮至湯量減半，加入牛肉高湯（照片a），轉大火，煮沸後轉小火，若出現浮沫，則邊煮邊撈除（照片b）。

4 將3持續煨煮到剩2/3左右的量，用濾勺過濾。按壓濾勺內的紅蔥頭，擠出醬汁（照片c）。

法式牛排 佐法式焗烤馬鈴薯

法國人也深愛牛肉，不過和日本不同，他們較偏愛油花少的牛肉。雖然品嚐菲力和沙朗也是一大享受，不過，我個人認為牛肩肉和牛腱甚是美味，其肉質有嚼勁又彈牙，更有吃肉的感覺！牛排搭配濃厚的紅酒醬汁，簡直是最完美的組合。享用時佐上基本配菜「法式焗烤馬鈴薯」。

5 平底鍋洗淨後，加入牛油5g，將**4**放入，先開大火，緊接著轉中火來煎煮。煎出美味的金黃色澤後翻面，加入奶油後轉小火，煎的同時舀起奶油淋上肉塊，使每面都受熱均勻（照片b）。取胡椒撒遍平底鍋，當胡椒飄香時，讓肉塊裹上胡椒。肉塊起鍋，放於溫暖處靜置5分鐘左右。

6 將**5**切成寬2cm的厚片，盛盤並淋上醬汁，佐上法式焗烤馬鈴薯。

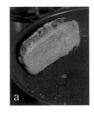

美味配菜

法式焗烤馬鈴薯

材料 2人份
牛肩肉…2.5cm厚1片（260g）
鹽…2g
紅酒…50ml
波爾多紅酒醬（請參照P.44）
　…200g
榛果奶油（請參照P.66）…10g
黑胡椒…少許
牛油（或是沙拉油）…10g
奶油…10g

━━ 直徑15cm的鍋子、
直徑24cm的平底鍋

1 將牛肉撒上鹽並搓揉入味，置於室溫下30分鐘左右。

2 將紅酒倒入鍋中，以中火燉煮成「酒之鏡」（請參照P.66）。加入波爾多紅酒醬繼續燉煮。

3 製作榛果奶油備用，當**2**煮沸後將奶油倒入，並加入胡椒拌勻。

4 將牛油5g和**1**放入平底鍋，以中大火煎。緊接著轉小火，煎煮時肉塊下方請保有油脂的狀態。煎到微微上色後，翻面煎。接著立起肉塊來煎煮側面，每一面都要兼顧（照片a）。肉塊暫時起鍋，放置在溫暖處靜置5分鐘左右。

材料 方便製作的分量
馬鈴薯…3顆（300g）
牛奶…150ml
鮮奶油…50ml
奶油…15g
大蒜（磨成泥）…2g
鹽…2g

1 將馬鈴薯切成3～4mm寬的薄片。

2 將所有材料放入鍋中，以中火煮到噗滋噗滋滾泡後，轉小火，煮至馬鈴薯變軟。水量若變少則加水補足，水量要保持在馬鈴薯可以稍微浮出水面的程度。

3 將**2**放入耐熱器皿，放入200℃的烤箱中，烤至表面出現焦色。

法式炸星鰻 佐蒜煎菠菜

愈是新鮮的星鰻，表面就愈滑溜。不過這滑溜的黏液可輕忽不得，事前的處理作業是關鍵。首先，用熱水淋過，這個步驟不是為了燙熟，而是為了去除牠表面的黏液（也就是腥臭味）。因此，請將星鰻放在篩網上，熱水淋過星鰻後，在降溫的同時表面也會開始凝固，接著立即冰鎮冷卻。將星鰻炸到熟透，炸乾內部水分，如此可更好吸收醬汁而更加入味。星鰻炸過會因水分流失而變輕，因此請觀察其色澤，同時以網子撈起時的重量為基準來判斷是否炸好了。

材料 2人份
星鰻…2尾（500g）
波爾多紅酒醬（請參照P.44）
　…100g
油炸油…適量
黑胡椒…適量

━ 直徑24cm的平底鍋

1 將星鰻剖開，攤放在篩網上，淋上加了大量鹽的熱水，使表面凝固呈白色。這層白色的部分就是黏膜（＝腥臭味）。放入冰水中冰鎮後，擦乾水分。

2 用菜刀將星鰻上的黏膜刮除，並縱向對切成兩半，再切成3～4等分。

3 將油炸油加熱至230℃，星鰻放入油炸。要盡可能將星鰻炸得直挺挺，所以盡量不要去碰觸。炸到稍微上色後，先起鍋。

4 星鰻炸過就會釋出鰻膠，所以都黏在一塊，等散熱後再一一將其分開。

5 再次將星鰻放入230℃的熱油中，炸第二回合。炸到香氣四溢且外皮金黃酥脆為止。

6 將波爾多紅酒醬倒入平底鍋，以中火煮。加熱後，將**5**倒入，迅速煮到吸滿醬汁，表面出現光澤。撒上胡椒攪拌。將蒜煎菠菜擺盤，再將星鰻盛盤。

美味配菜

蒜煎菠菜

材料 2人份
菠菜…葉子的部分150g
奶油…20g
大蒜…1/2瓣
鹽…少許

1 將奶油放入平底鍋，以中火熱鍋，利用插著大蒜的叉子來攪拌（或是將大蒜直接丟入奶油中翻攪亦可），使奶油帶蒜香（照片a）。

2 奶油微微變色後，加入菠菜、鹽，以大火稍微拌炒後熄火。倒入篩網，利用餘熱燙熟菠菜並同時瀝乾水分（照片b）。

a

b

馬德拉醬
sauce madère

這道醬汁原本的作法，是使用小牛高湯結合馬德拉酒，更古早的作法則是將馬德拉酒加入多明格拉斯醬調配而成。不過，本食譜的作法是結合極致高湯「牛肉高湯」，調製出清爽的醬汁。未經過蔬菜等其他食材來加強甜味，散發簡樸風味。如其命名，馬德拉酒自然是少不了的。至於白蘭地，我是選用產自法國干邑地區，以傳統製法釀造出的干邑白蘭地，其風味無可取代。

材料 方便製作的分量
馬德拉酒…400ml
法國白蘭地［干邑］…100ml
牛肉高湯（請參照P.10）…300g

—— 直徑21cm的深鍋
保存 冷藏可保存1週。
冷凍則可保存1個月（使用時再加熱）。

1 將馬德拉酒、白蘭地倒入鍋中，以小火加熱。若火勢太大，恐怕會點燃酒精，請小心留意。

2 熬煮到酒量減半的程度，再加入牛肉高湯（照片a）。持續熬煮至出現光澤，濃稠帶黏稍會吸附湯匙的程度為止（照片b）。

[馬德拉醬] 的應用料理
法式燜燒豬里肌

法語的「Braiser」，在日本好像找不到完全符合的加熱方式，所以很難明確表達。非要說的話，應該是近似先煎後燜的「燜燒」吧。在瓦斯爐上加蓋燜煮，是既現代又家常的作法。這種加熱方式的優點，是即使只用一點醬汁，也能將鮮味傳遞給所有食材，而且短時間內就可以完成。總括來說，燜燒料理可以輕易地讓食材融為一體，與褐色醬汁搭配起來甚是和諧。若換作是含有大量奶油的醬汁，無法融入食材反而NG。

材料 4～5人份
豬里肌…660g
鹽…6g
洋蔥…2小顆（230g）
紅蘿蔔…2根（300g）
馬鈴薯（五月皇后品種）…2顆（300g）
橄欖油…60ml
A ┌ 鹽…2g
  └ 奶油…20g
B ┌ 水…200ml
  └ 馬德拉醬（請參照左方作法）…150g

—— 直徑24cm的平底鍋、
長28cm×寬19cm的橢圓鍋

1 將豬肉撒上鹽，並搓揉入味，置於室溫下30分鐘左右。

2 以瓣形切法將洋蔥切成大塊狀，紅蘿蔔和馬鈴薯以滾刀切塊。

3 將30ml的橄欖油及馬鈴薯加入平底鍋，以大火翻炒。炒至上色後，加入洋蔥及紅蘿蔔一起炒。再加入A攪拌混合。

4 將30ml的橄欖油及B放入鍋中，轉動肉塊以中火均勻煎煮。表面煎出色澤後，將3及B加入（如照片a），蓋上鍋蓋，以中火燜煮約10分鐘。將豬肉切成喜歡的大小，與蔬菜及醬汁一同盛盤。

青椒鑲肉

塞入圓狀青椒內煎煮過的肉質，滋味是格外不同。煎煮時，青椒能發揮有如鍋蓋的效果，因此內部相當多汁。正因為青椒將原汁原味「圓」封不動包覆其中，享用時方能品嚐到完整的醍醐味。請以小火慢煎以免煎焦了，慢慢加熱即可確實煎熟，無須擔心。還有一個方法可以判斷是否煎熟，只要用竹籤往最粗的部位插入，等個5秒鐘左右再拔出，如果中心都熟了，就表示大功告成。

材料 2人份

青椒…4大顆（1顆100g）

洋蔥…1/2顆（50g）

奶油…5g

A ┌ 綜合絞肉［牛豬比例7：3］…250g
  ├ 鹽…2.5g（肉的1%）
  └ 黑胡椒…0.5g

橄欖油…10ml

馬德里醬（請參照P.48）…100g

━ 直徑24cm的平底鍋

1 將洋蔥切成細末。洋蔥、奶油、水（分量外）全放入平底鍋，以中小火炒到釋出甜味為止。

2 將A放入調理碗，充分搓揉（請參照P.39，步驟2、3）。將**1**加入一起攪拌混合。

3 用蔬菜刀等挖出青椒的蒂頭，去除籽與中間的白色纖維。將**2**一點一點塞進青椒，往內擠壓直到內部完全塞滿為止。

4 平底鍋中倒入5ml的橄欖油，以中火熱鍋後，放入**3**，使肉面朝下站立，以小火慢煎，一面將多餘的油擦掉（照片a）。肉塊煎熟而凝固後先起鍋。

5 將平底鍋洗淨，倒入5ml的橄欖油，將**4**放入，仔細慢煎每一面，直到內部熟透為止（照片b）。切成個人喜好的大小，盤內先鋪一層加熱過的馬德拉醬，即可擺盤。

第3章 乳化醬汁

獨具滑順感，既柔和又濃郁的醬汁

所謂的乳化，是指原本無法結合互融的液體，例如水與油，經過充分攪拌後密切融合的狀態。油醋醬常用於沙拉的調味，其實它搭配肉類、魚類也很適合，著實是道萬用的醬汁。使用奶油調製成的醬汁，諸如荷蘭醬等等，基本上是都不可以冷藏的。因為冷卻後再退冰回溫會導致油水分離，因此需要時再製作為佳。雞蛋獨特的柔和口感是乳化醬汁的強項，此外，利用辛香料等就能輕鬆增添風味，亦是其優點，像蒜泥蛋黃醬就是以美乃滋為基礎衍生而來的醬汁。

法式油醋醬
sauce vinaigrette

雖然命名為「醬汁（Sauce）」，但一般似乎多把它歸類在「沙拉醬（Dressing）」的範疇中。這道醬汁千變萬化，光是改變醋或油的種類，就會產生不同變化。沙拉醬不能與沙拉畫上等號，我希望介紹這道醬汁給大家，盼大家能嘗試多方運用，不要遭既定概念束縛。

材料 方便製作的分量

A ┌ 紅酒醋⋯40ml
　├ 第戎芥末醬⋯20g
　└ 鹽⋯3g
橄欖油⋯120ml

保存 不建議先做起來存放，需要時再製作即可。

1 將A放入攪拌機翻攪使其混合。或是放入調理碗中，以打蛋器充分攪拌亦可。

2 逐次倒入一點橄欖油，同時轉動攪拌機，拌勻呈黏稠狀即完成乳化。

［法式油醋醬］的應用料理
油醋香煎牛舌魚

要製作這道香煎料理，裹粉時要愈薄愈好。薄到讓您不禁懷疑「這麼薄一層夠嗎？」的程度。不用擔心，因為裹粉只是為了能將表面煎得酥脆。粉裹太厚的話，煎的過程中就可能會剝落。此外，用多一點的油來煎，能更接近理想的口感。傳統的奶油香煎料理是搭配榛果奶油，不過酸酸的法式油醋醬也很適合！要趁著煎得酥酥脆脆、熱騰騰時，趕緊淋上油醋醬，一氣呵成地完成此道料理。

材料 2人份
牛舌魚⋯2條（200g）
高筋麵粉⋯適量
法式油醋醬（請參照左方作法）⋯30ml
小青椒⋯20條（80g）
醬油⋯5ml
鹽⋯2.5g
橄欖油⋯40ml

— 直徑26cm的平底鍋

1 將牛舌魚兩面的皮剝開，撒上2g的鹽並輕擦入味。裹上高筋麵粉，再拍下多餘的粉。

2 平底鍋中加入30ml的橄欖油，將1皮較厚的那側朝下放入，以大火煎，魚肉下方保持有油脂的狀態（照片a）。油脂釋出時，以廚房紙巾將多餘的油擦掉。

3 煎出美味色澤後翻面，再補加5ml的橄欖油，以中火煎。用手壓一下魚骨邊緣，如果感覺啪地一聲裂開（照片b），就可以加入油醋醬，使魚肉快速吸收醬汁。

4 平底鍋中加入5ml的橄欖油，放入小青椒，以大火炒至上色，撒上0.5g的鹽，稍微拌炒，沿著鍋緣畫圓倒入醬油使其滲入魚肉。與3一同盛盤。

a　　　　b

豬肉丁綜合葉菜沙拉

用帶油的熱水氽燙豬肉的烹調技法，與中華料理的手法有異曲同工之妙。然而，這方式並非為了提高沸點，而是為了增添風味。因此，使用帶果香的橄欖油等獨具風味的油品就很合適。趁豬肉還熱騰騰時趕緊倒入油醋醬拌勻，讓豬肉充分入味。葉類蔬菜沙拉請避免折斷菜葉，從碗緣畫圓倒入油醋醬，輕柔拌勻使其入味。

材料 2人份

豬肩肉薄片…200g
橄欖油…適量（30ml）
西洋菜…10g
綜合嫩葉生菜…100g
綠花椰…6朵
法式油醋醬（請參照P.52）…40ml
黑胡椒…少許
鹽…適量

━ 直徑15cm的鍋子

1 將豬肉片切成10cm的長度。將水注入鍋中，以大火煮沸後，加入橄欖油。水與橄欖油的建議比例約為1ℓ：30ml。

2 放入豬肉，攪散肉片快速燙熟後，撈起放入篩網，瀝乾水分。

3 將 2 放入調理碗，趁熱加入20ml的油醋醬，拌勻後加入胡椒混合，嚐一下味道，再撒鹽攪拌。

4 將菜葉全部洗淨泡水，菜葉會更顯翠綠。取出瀝乾，將較大片的菜葉撕成方便食用的大小後，放入調理碗中。從碗緣倒入20ml的油醋醬。

5 用雙手由下往上將菜葉拿起，與醬汁充分拌勻。請嚐過味道後，再斟酌加鹽調味並拌勻。

6 將綠花椰再撥開成大小一致的小朵，用鹽水迅速氽燙過。與 3、5 一同盛盤。

廚房必備調味料

在我店裡，總會像這樣將使用頻率較高的調味料擺放在一旁待命。放入分裝瓶的調味料分別是：巴沙米可醋醬、橄欖油、法式油醋醬、蒜油與黑胡椒。隨季節更迭，也會擺上松露油、蒜泥蛋黃醬等等。分裝瓶的出口，我會剪成自己偏好的粗細，便於調整擠出來的量。

美乃滋醬
sauce mayonnaise

製作乳化醬汁，必須朝固定方向不停攪拌。這是因為打蛋器朝同方向轉動，能夠更容易乳化，而且比較不會油水分離。酒醋的話，可以使用白酒醋，不過我比較喜歡較濃厚的紅酒醋。橄欖油必須一點一點慢慢加，酒醋則可以一次全部加入。

材料 方便製作的分量
蛋黃…2顆
鹽…2g
白胡椒…少許
橄欖油…100ml
紅酒醋…8g

保存 冷藏可保存2～3天。在店裡我是以常溫保存，但建議放入冰箱冷藏為宜。

1 將蛋黃放入調理碗中，使用打蛋器攪散。加入鹽及胡椒，充分拌勻。

2 將橄欖油一點一點慢慢滴入，使其混合（照片a）。顏色會漸漸轉白，並且變硬，但手請不要停下來，繼續充分攪拌（照片b）。

3 加入酒醋，再充分拌勻（照片c）。

蒜泥蛋黃醬
sauce rouille

這道蒜泥蛋黃醬，因為作為普羅旺斯代表魚料理「馬賽魚湯」的佐醬而聞名。這道醬汁發揮了大蒜風味，味道強勁，也可以當辛香料使用。除了馬賽魚湯，也很適合搭配其他魚料理，亦可當作沙拉醬，或是塗抹在麵包上來食用，光是這樣簡單運用就非常美味。

材料 方便製作的分量
番紅花…30朵
A ┌ 蛋黃…2顆
  └ 大蒜（磨成泥）…2瓣（10g）
B ┌ 鹽…3g
  └ 紅椒粉…少許（0.1g）
橄欖油…100ml
熱水…1/2小匙

保存 冷藏可保存2～3天。

1 番紅花先用微波爐（600W）加熱約1分半鐘，使其乾燥，再以湯匙背面壓碎（照片a）。

2 將A與1放入調理碗，利用打蛋器摩擦攪拌混合。將B加入（照片b），繼續攪拌。

3 將橄欖油一點一點慢慢滴入，手繼續不停充分攪拌混合。

4 加入熱水，充分攪拌混合（照片c）。這個步驟稱為「浸湯法（湯止め）」，有避免醬汁油水分離的效果。

[美乃滋醬] 的應用料理

水煮蛋 佐美乃滋

原文菜名中的「Oeuf」是法語，「蛋」的意思。在法式小酒館中也是必備的前菜，可說是法國的家鄉味（Soul Food）。水煮蛋佐上自製美乃滋醬的組合雖然很樸素，但是若少了美味的美乃滋醬，這道料理根本不成立。說是因醬汁而生的料理也不為過。至於水煮蛋熟度的拿捏，煮沸後再煮約3分半鐘，就會呈黏呼軟嫩的半熟，若煮4分鐘，蛋黃周圍就會呈凝固的半熟狀態。

材料 2人份
雞蛋…4顆
美乃滋醬（請參照P.56）…20g

━ 直徑24cm的鍋子

1 將雞蛋放入鍋內，並倒入可淹過蛋的水量，以大火煮沸後，轉小火煮10分鐘。將蛋取出，輕輕敲出裂痕，連膜一起剝掉蛋殼。

2 將**1**縱切成半，盛盤，佐上美乃滋醬一同享用。

[美乃滋醬] 的應用料理

香蕉蘋果綜合沙拉

美乃滋優格與水果充分拌勻後，水果會因滲透壓的作用而滲出果汁。美味祕訣就在於飽滿的果汁讓整道沙拉更加鮮甜多汁。我早餐偶爾會吃這道沙拉，總是吃個精光、一滴不剩！

材料 2人份

A ┌ 美乃滋醬（請參照P.56）…50g
　└ 優格（無糖）…50g
香蕉…1根（160g）
蘋果…1/2顆（160g）
洋梨…1/2顆（150g）
B ┌ 黑胡椒…少許
　├ 義大利荷蘭芹（切細末）…少許
　└ 粉紅胡椒…適量

1 將A放入調理碗中拌勻。

2 將香蕉縱向切半後，再以5～10mm的長度切塊。蘋果與洋梨也切成和香蕉差不多的大小。

3 將**2**加入**1**，充分拌勻。再加入B，快速攪拌即可完成。

櫛瓜青椒沙拉

「出自同一塊土地的產物最對味」，這是我對料理的基本理念。櫛瓜與青椒都是法國南部的蔬菜，而蒜泥蛋黃醬是源自於東南方馬賽的醬汁，所以正是天生絕配。充滿能量的蒜泥蛋黃醬與新鮮南法蔬菜的組合，希望各位能愉快地享用這道沙拉。

材料 2人份

紅、橘、黃色迷你甜椒
　　…各1顆（1顆20g）
綠色迷你櫛瓜［小型］…1/2條（15g）
黃色迷你櫛瓜…1/2條（15g）
鹽…1g
蒜泥蛋黃醬（請參照P.56）…5～10g

1 用蔬果刀挖出甜椒的蒂頭，去除籽與中間白色纖維後，切成圓輪狀。櫛瓜也切成圓輪狀。

2 將甜椒放入調理碗中，撒上0.5g的鹽，充分攪拌，但小心不要破壞甜椒的形狀。表面會開始濕潤起來，繼續攪拌。櫛瓜也比照處理（照片a）。

3 盤子滴上蒜泥蛋黃醬，使其呈圓點狀，再放上**2**裝飾擺盤即完成。

a

荷蘭醬
sauce hollandaise

荷蘭醬是一種打發過的醬汁。以製作蛋白霜的方式將醬汁打發，使其飽含空氣。如果不這麼做，隔水加熱時表面會凝固變硬，就做不出美味的醬汁了。因為必須隔水加熱，建議使用導熱性佳的不鏽鋼製調理碗為佳。原本的作法是使用澄清奶油，但我選擇使用融化奶油，保留奶油原有的鮮味。

材料 方便製作的分量
蛋黃…2顆
水…8ml
鹽…極少量（少於0.5g）
融化奶油…50g
檸檬汁…少許

保存 因為奶油會凝固，所以無法保存。

1 將蛋黃、水倒入不鏽鋼製調理碗中，用打蛋器以劃8字的方式攪拌，使其充滿空氣（照片a）。加鹽拌勻。

2 將1隔水加熱，以小火煮，不停攪拌混合。請將側面逐漸凝固的部分刮下，不斷打發直到呈黏稠狀，刮碗底時會留下刮痕的程度（照片b）。

3 逐次加入一點融化奶油，攪拌使其飽含空氣。攪拌到呈黏稠狀時（照片c），即可離火。如果醬汁滴下後會留下緞帶般的痕跡，表示太濃稠了。加入檸檬汁混合，用濾勺過濾，即完成。

水煮白蘆筍 佐荷蘭醬

這道料理鹽的拿捏，取決於湯汁與醬汁。因此，水與鹽的比例有一定的規則，設定的比例會稍微鹹一些。為了加強湯汁風味，我將蘆筍皮加下去煮，所以要等浮沫撈除後，再將蘆筍放下去煮。讓蘆筍浸放於煮湯中冷卻，是為了利用鍋中餘熱讓蘆筍能吸飽殘留於湯汁中的蘆筍風味，多汁又柔軟的蘆筍就可以上桌了。請淋上大量荷蘭醬來享用。

材料 2人份
白蘆筍…4根（1根90g）
水…1.2～1.3ℓ
鹽…20g
荷蘭醬（請參照左方作法）…適量

━━ 直徑26cm的鍋子或是平底鍋

1 使用削皮器削下蘆筍皮，皮留下備用。

2 將水、鹽、蘆筍皮放入鍋中，以大火煮沸後，將浮沫撈除後再加入蘆筍，利用蘆筍皮當蓋子。約煮一分半鐘時，上下翻面，蓋上鍋蓋，再煮一分半鐘即熄火。若是較細的蘆筍則煮一分鐘左右即可。蘆筍浸泡於湯汁中，靜待冷卻至不燙手的溫度。

3 蘆筍瀝乾水分，較硬的根部請切掉2cm左右。盛盤後，淋上荷蘭醬。

[荷蘭醬] 的應用料理

奶焗豆腐

這道是我獨創的日法混搭料理。荷蘭醬很適合搭配溫潤風味的食材，所以和豆腐可說是最佳拍檔。利用烤過的生火腿來加強鹹味及口感。荷蘭醬中有放入雞蛋，所以只要加熱就會凝固，因此這道料理烤好後，表面會出現一層金黃色。

材料 1盤份
＊長14×深4.5cm的焗烤盤
嫩豆腐…1塊（400g）
生火腿…1片（20g）
A ┌ 鮮奶油…100ml
  └ 鹽…1.5g
黑胡椒…適量
荷蘭醬（請參照P.60）…50g

━━ 直徑15cm的鍋子

1 將豆腐切成6等分，放入微波爐（600W）中加熱3分鐘，使水分蒸發。生火腿放入烤箱，以80℃烤30分鐘使其乾燥。

2 將A放入鍋中，以大火煮至沸騰，再加入豆腐烹煮，輕輕弄碎豆腐。豆腐煮到內部都熱了，再取2/3的生火腿，撕碎加入，撒上胡椒再輕輕攪拌混合（照片a）。

3 將**2**放入焗烤盤，繞圈淋上荷蘭醬（照片b），撒上剩餘的生火腿。放入高溫（200℃左右）的烤箱中，將表面烤出烘烤色澤。

a

b

貝亞恩斯醬
sauce béarnaise

貝亞恩斯醬是法式料理中傳統的牛排醬。與荷蘭醬的差異在於調味料，貝亞恩斯醬是燉煮龍蒿和酒醋，再結合蛋黃，並與奶油產生乳化作用而成。醬汁名稱的意思是「貝亞恩風味的醬汁」，據說此名是出自於以美食家著稱、出生於貝亞恩區的亨利四世。

材料 方便製作的分量

A ┌ 紅蔥頭（切細末）…25g
　├ 龍蒿（摘葉片備用）…30g
　├ 白酒…100ml
　├ 白酒醋…20ml
　└ 黑胡椒粒（磨碎）…7粒

水…20ml
蛋黃…5顆
融化奶油…100g
調味番茄醬…5g
鹽…1.5g
義大利荷蘭芹（切細末）…1.5g

━ 直徑15cm的鍋子

保存 因為奶油會凝固，無法保存。

1 將A放入鍋中，以大火煮，不時搖晃鍋子，煮到水分收乾（照片a），再加水煮沸後，熄火散熱。

2 將蛋黃、1連同葉片一同放入不鏽鋼製的調理碗中（照片b），用打蛋器充分攪拌混合。

3 將2隔水加熱，以小火煮，不斷以劃8字的方式攪拌。攪拌到用打蛋器撈起時，呈濃稠狀緩緩流下來的濃度，即可停止加熱（照片c）。

4 逐次加入一點融化奶油（照片d），充分拌勻使其乳化。加入調味番茄醬攪拌，請嚐過味道後，再斟酌加鹽調味並拌勻。用濾勺過濾（如照片e），加入義大利荷蘭芹細末混拌均勻。

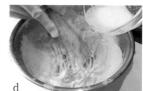

奶油香煎鮭魚 佐馬鈴薯小圓餅

這道是奶油香煎小塊鮭魚。一般都是料理一整條或是一整片鮭魚，不過我試了點不一樣的變化。裹粉煎的方式不僅輕鬆還能避免魚肉破碎，擺盤時還能發揮玩心做變化。雖說如此，即使食材的大小縮小了，奶油香煎的守則不變。多餘的麵粉要確實拍除，煎的過程中魚肉下方要維持有油，擦拭掉多餘的油脂，將魚煎得酥酥脆脆。

美味配菜

馬鈴薯小圓餅

材料 2人份

馬鈴薯（男爵品種）
　…2小顆（140g）
鹽…1g
橄欖油…3ml
奶油…5g

1 水煮馬鈴薯（請參照P.66）。剝皮、撒鹽後，大致壓碎，分別塞入兩個直徑6cm的圓圈形模具中。

2 將橄欖油倒入平底鍋，接著將**1**連同模具一起放入，以中火煎。觀察鍋中狀況，將火轉小，直到表面煎出色澤後翻面。兩面都煎過後再翻面，加入奶油增添香氣（照片a）。

材料 2人份

生鮭魚…2片（1片85g）
鹽…2g
高筋麵粉…適量
橄欖油…10ml
貝亞恩斯醬（請參照P.62）…40g

▬ 直徑26cm的平底鍋

1 將鮭魚先撒上鹽，放入冰箱冷藏約30分鐘，魚肉若出水請擦乾。

2 將**1**裹上麵粉，拍下多餘的麵粉。

3 將橄欖油倒入平底鍋，以中火熱鍋，將**2**魚皮朝下放入鍋內，放在靠近鍋緣處，使魚塊站立來煎魚皮（照片a）。魚塊下方請保持有油狀態，若煎出魚脂，請用廚房紙巾將多餘的油擦去，將每一面煎熟即完成。與馬鈴薯小圓餅和貝亞恩斯醬一同盛盤。

法式嫩烤牛排 佐法式細薯條

這道料理是牛排搭配堆成小山的薯條（也就是炸馬鈴薯），是法國傳統家常餐廳的必備料理。如果只有牛排，則可稱之為「快熟牛排」（minute steak）。「minute」是指肉類「超級生」的意思，所以這是一道將薄片牛肉以大火迅速煎烤而成的牛排。法國人熱愛牛排成痴，只要有這道料理就心滿意足。法式細薯條的美味條件是要炸得酥脆。如果油溫太低，馬鈴薯就會煮熟而軟掉，因此，請保持160℃的油溫，炸乾馬鈴薯的水分。

材料 2人份

牛肋肉
　　…7mm厚2片（1片150g）
鹽…1.5g
橄欖油…少許
貝亞恩斯醬（請參照P.62）…120g

1 將牛肉上的油脂大致去除，修整肉片形狀。撒上鹽，置於室溫下，直到表面濕潤。

2 開大火，烤網直接放上去火烤。狀況會因烤網材質而異，大概加熱到烤網發紅的程度。

3 將**1**的其中一面塗上橄欖油。將**2**的火關掉，當烤網冒出煙時，將牛肉塗油面朝下擺於烤網上。經過5～10秒鐘，將牛肉轉45度角，繼續烤5～10秒，烤出網格狀。

4 立刻翻面，背面以相同方式烤出網格即完成。

利用平底鍋 煎牛排的方法

如果沒有烤網，請使用平底鍋來煎。如果是用平底鍋，牛肉就無需塗抹橄欖油。將牛脂（或是沙拉油）放入平底鍋，以小火加熱，讓油脂布滿鍋面，轉大火加熱到冒煙，再將牛肉放下去煎。輕輕翻起肉片確認，煎至大致上色就可以翻面，緊接著起鍋即可完成。牛排內部為三分熟的狀態。

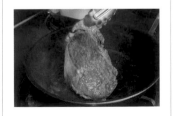

美味配菜

法式薯條

材料 2人份

馬鈴薯（五月皇后品種）
　　…2顆（300g）
油炸油…適量
鹽…1g

1 馬鈴薯切成3mm寬的細條狀。

2 將水倒入調理碗中，洗去**1**的澱粉質。換3～4次水，重複洗至水不混濁為止（照片a）。放到篩網上，確實瀝乾水分。

3 將油炸油加熱至160℃，將**2**放入鍋中，此時油溫若下降，再將火開大一些。炸的過程中不斷用油炸夾等攪開薯條，防止互相沾黏成塊（照片b）。炸至上色後撈起放入篩網中（照片c）。餘熱還會有些上色效果，所以可以稍早一步撈出。趁熱撒上鹽並上下翻攪混合。

a

b

c

榛果奶油[1]
beurre noisette

法語的「Noisette」就是指榛子、榛果。榛果奶油是指經加熱而呈榛果色澤並散發焦香的奶油。製作榛果奶油為的就是那股堅果香。焦色越深，香氣就越濃，不過就算淡些也已足夠。

材料
奶油…分量依用途不一，請參照其他頁面的指示

1 將奶油放入未加熱的鍋子或是平底鍋中，以中火煮，不時傾斜、轉動鍋身來攪拌奶油。

2 奶油融化後會開始冒大泡泡，但為了使其平均焦化，須持續轉動鍋身。奶油會漸漸出現色澤，此時仍會冒著大泡泡（照片a）。

3 當泡泡開始變得細密後，轉眼就會呈現榛果色澤了，請務必留意（照片b）。泡沫唰地轉瞬消失，此刻的狀態就是榛果奶油（照片c）。利用餘熱即可加熱，所以請熄火。過度加熱的話，會看到鍋底出現像沙粒般的焦粒，這就是失敗的例子了（照片d）。

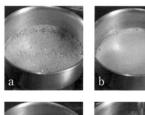
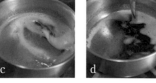

1 亦稱「焦化奶油」，內不含榛果，而是因為加熱過程中沉澱物焦化，提升了色澤及香氣，令人聯想到榛果，故得此名。

蒜油
huile d'ail

這道獨創特調萬能調味料，使用了我最愛的大蒜。當成油品使用或是拿來增添風味皆可。就像醬汁的變化會與時俱進一樣，食譜也要順應流行，現在使用的有調高了大蒜的比例。

材料
大蒜（磨成泥狀）
橄欖油…與大蒜等量

保存 冷藏可保存4～5天。

1 將蒜泥放入調理碗中，將橄欖油一點一點慢慢滴入，用打蛋器攪拌混合。如果沒有將橄欖油完美融入蒜泥中的話，會容易聚集成小球，因此手要不停地充分攪拌。當攪拌的手感開始變沉即可完成。

酒之鏡

材料
紅酒…分量依用途不一，請參照其他頁面的指示

1 將紅酒倒入鍋中，以大火燉煮，同時轉動鍋子（照片a）。

2 燉煮後水分會漸漸消失而變得不易搖晃，可透視鍋底，且漸漸散發光澤。煮到呈晶瑩剔透的狀態，酒之鏡就大功告成了（照片b）。酒之鏡的法語是「Miroir」，也就是「鏡子」，意指酒清如鏡，故得此名。

＊製作酒之鏡時，如果想強調濃醇與深層風味，請加入白蘭地；如果追求鋒利口感，請添加紅酒醋；若是想增添溫潤口感，則改加入黑醋栗酒。

馬鈴薯的煮法

將馬鈴薯放入鍋中並注入大量的水，以大火煮沸後轉小火，火侯請維持在冒著細泡、馬鈴薯輕輕晃動的狀態，慢慢燉煮。多費些時間熬煮馬鈴薯可以更容易達到澱粉糊化效果，使其產生黏性而變得美味。我在店裡煮4～5顆馬鈴薯，需要花1小時的時間。竹籤可以輕鬆刺穿的話即完成。瀝掉熱水後再剝皮。

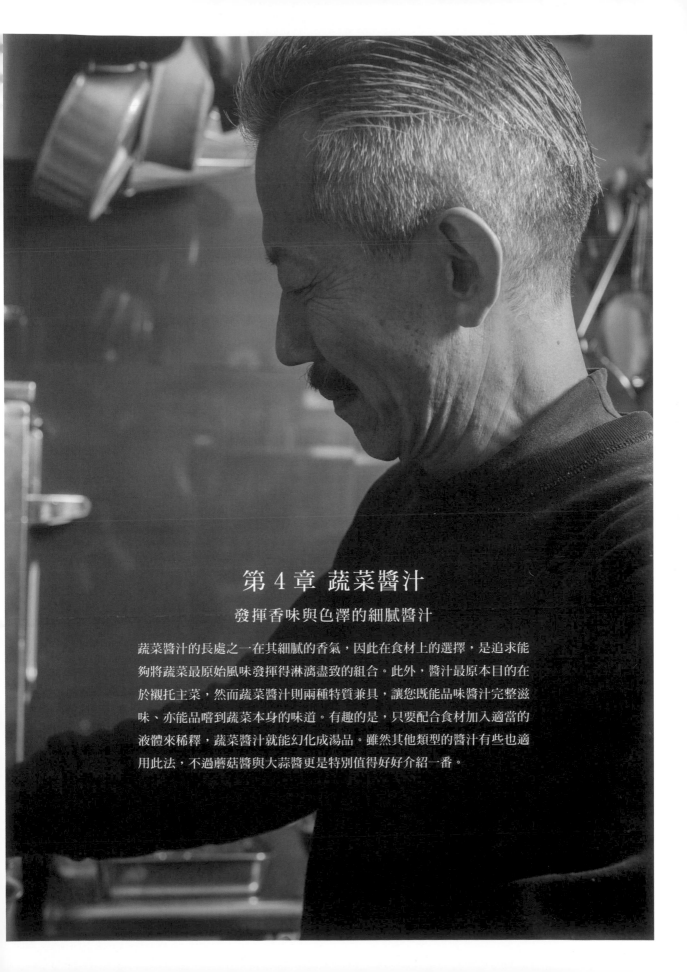

第 4 章 蔬菜醬汁

發揮香味與色澤的細膩醬汁

蔬菜醬汁的長處之一在其細膩的香氣,因此在食材上的選擇,是追求能夠將蔬菜最原始風味發揮得淋漓盡致的組合。此外,醬汁最原本目的在於襯托主菜,然而蔬菜醬汁則兩種特質兼具,讓您既能品味醬汁完整滋味、亦能品嚐到蔬菜本身的味道。有趣的是,只要配合食材加入適當的液體來稀釋,蔬菜醬汁就能幻化成湯品。雖然其他類型的醬汁有些也適用此法,不過蘑菇醬與大蒜醬更是特別值得好好介紹一番。

番茄糊紅醬
coulis de tomate

不添加其他食材,將蔬菜或是水果等食材直接磨碎成糊狀,法式料理把這種醬汁稱為「Coulis」。番茄外皮富含帶有甜味的果膠,所以請直接調理不須削皮。另外,我們平常在吃番茄時,應該不會覺得有苦澀味吧?所以這道醬汁也不需要特地撈除浮沫。

材料 方便製作的分量
番茄…中型8顆(1kg)
鹽…2g

━ 直徑21cm的鍋子
保存 冷藏可保存3～4天。
冷凍則可保存1個月(使用時再加熱)。

1 將2顆番茄切成適當大小,放入攪拌機攪拌。打成液態狀後,將剩下的番茄整顆丟入,每丟入一顆就攪拌一次。

2 用濾勺過濾**1**至鍋中。使用湯勺等用具自上方擠壓出汁(照片a)。

3 以大火加熱**2**的鍋子,煮沸後轉小火燉煮,須偶爾攪拌(照片b)。用攪拌機攪拌時產生的泡沫會慢慢消失,漸漸收汁後,加入鹽攪拌(照片c)。繼續燉煮至刮鍋底時會留下刮痕的程度,即可完成(照片d)。

[番茄糊紅醬] 的應用料理

番茄總匯沙拉

醬汁是番茄，材料也是番茄！這盤是各種番茄綜合而成的沙拉！組合各種番茄，加熱過的
番茄糊紅醬與新鮮的番茄之間產生對比，可以痛快大啖番茄的多元滋味。番茄不僅要切
塊，還要拌上鹽及橄欖油。我認為這個小撇步是法式料理的精髓。

材料 2人份

小番茄…7種合計150g
鹽、橄欖油…各少許
番茄糊紅醬（請參照P.68）
　　…1大匙

1　將番茄對切成2～4等分，拌上
鹽及橄欖油。

2　盤內鋪上一層番茄糊紅醬。善用
圓形模具，鋪得又圓又平（照片a）。

3　將1擺於2上盛盤。

a

番茄的種類

這道沙拉一共用了七個品種的小番
茄，不過您可任選自己喜歡的品種來
製作。每一種番茄大小不一，因此切
法也不同，可視狀況切成2～4等分。
這種差異呈現出的層次也是種趣味，
因此我認為選用多品種的番茄會讓此
道沙拉更富樂趣。

[番茄糊紅醬] 的應用料理

法式番茄烤蝦

與番茄糊紅醬初次相逢時的驚豔，如今仍記憶猶新。我難忘那直接、單一的好滋味，和「法式番茄醬」的複合式趣味各有特色。這道醬汁的優點在於可以「添加」。比如說，加入大蒜或是檸檬等等。這次，我添加的是「烤網香氣」。平底鍋煎不出的特有蝦殼焦香，配上酸酸甜甜的醬汁，恰到好處的美味。

材料 2人份

［烤蝦］

蝦子（去頭）…8隻
鹽…適量
高筋麵粉…適量
橄欖油…適量

［醬汁］

羅勒…2g（葉4片）
橄欖油…5ml
番茄糊紅醬（請參照P.68）…200g
黑胡椒…少許

━ 直徑15cm的鍋子

1　蝦子連殼一起縱切成半，挑除腸泥後，放入調理碗中。撒上鹽及高筋麵粉各適量，搓揉蝦子，去除表面的黏液，小心不要搓裂蝦殼。加水（分量外）像洗蝦子般洗出黏液，再用水快速沖洗。

2　放在廚房紙巾上擦拭掉水分，在蝦身撒上1g的鹽。

3　接著製作醬汁。為了防止羅勒變色，切成細末時須加入5ml的橄欖油混合。將番茄糊紅醬、5ml的水倒入鍋中，以中火煮沸後，加入羅勒攪拌，熄火。加入胡椒拌勻。

4　將2的蝦身撒上高筋麵粉，淋上橄欖油，將表面抹勻。

5　加熱烤網，隔段距離以大火烤。將蝦肉朝下放於烤網上，快速烤20～30秒左右。

6　當蝦肉烤到稍微翻身時，翻面將蝦殼也快速烤一下。當蝦身膨脹，水分漸漸流出時即完成。建議烤的時間低於1分鐘。盤內鋪上一層3，再將蝦子盛盤。

法式蘑菇醬
coulis de champignon

製作這道醬汁的要訣,在於充分翻炒蘑菇與紅蔥頭直到水分完全收乾。水分消失是甜味已經濃縮的證據。若在還殘有水分的狀態下就加入澄清湯,澄清湯的味道會占上風,就糟蹋了蘑菇特地炒出來的風味。加入澄清湯後,只需加溫不必燉煮也沒關係。用濾勺過濾,使醬汁更加滑順。

材料 方便製作的分量

蘑菇…280g
紅蔥頭…60g
榛果奶油(請參照P.66)…70g
雞肉澄清湯(請參照P.8)…300ml
鹽…3g
黑胡椒…少許

━━ 直徑26cm的平底鍋
保存 冷藏可保存2～3天。
冷凍則可保存1個月(使用時再加熱)。

1 像是要切斷纖維般,將紅蔥頭切成薄片。蘑菇也同樣切成薄片。

2 用平底鍋製作榛果奶油後,將蘑菇加入以大火快炒(照片a)。撒2g的鹽,炒勻。炒到蘑菇出汁(照片b),再加入紅蔥頭,不斷翻炒至上色且水分收乾為止。

3 水分收乾後,加入雞肉澄清湯,煮至滾泡(照片c)。加入1g的鹽與胡椒,攪拌均勻(照片d)。

4 將**3**放入攪拌器,攪拌到變滑順後,以濾勺過濾。

綜合菇類炒栗子

栗子與菇類的盛產季節相輔相成，組合起來更是對味。來自相同土地或季節、屬性相近的
食材，這些都是作為地區料理最理想的食材，也是料理的起點。菇類有多少種類都沒關
係，不過愈多愈美味。菇類炒過會出汁，每種菇類的風味都不同，互相交融後輝映出一道
層次豐富的料理。

材料 2人份

栗子…8顆（帶皮1顆15g）
菇類（杏鮑菇、鴻禧菇、蘑菇、
　　秀珍菇、舞菇、香菇等）
　　…合計150g
榛果奶油（請參照P.66）…10g
鹽…2g
黑胡椒…適量
培根片…2片（40g）
法式蘑菇醬（請參照P.72）…75g

▬ 直徑24cm的平底鍋

1 從栗子底部較硬的部位切出淺淺的切口，
小心不要切到內部果實，如此可防止炒的過
程發生爆裂。放入180℃的烤箱中烘烤10分鐘
後，剝皮備用。

2 菇類切成容易食用的大小。

3 用平底鍋製作榛果奶油後，將1g的鹽與2
放入鍋中，以大火翻炒至上色、收汁為止。當
菇類炒至上色後加入栗子（照片a），翻炒混
合。撒上1g的鹽、胡椒，攪拌均勻。

4 用平底鍋煎培根片，兩面煎熟。

5 盤內先鋪上一層熱過的蘑菇醬，再將3、
4盛盤。

a

[法式蘑菇醬]的應用料理

卡布奇諾綜合菇湯

這道是歷代主廚們一定會製作的標準湯品。當然原本濃稠的湯也相當美味，然而經過打發後帶來的輕盈感及好口感，品嚐起來更令人興致高昂。若沒有手持式食物調理機，使用打蛋器也無妨。請充分攪拌將空氣拌入湯品。

材料 2人份

[香煎菇類]
菇類（杏鮑菇、鴻禧菇、蘑菇、
　秀珍菇、舞菇、香菇等）
　…合計80g
榛果奶油（請參照P.66）…5g
鹽…1g

━ 直徑24cm的平底鍋

[湯品]
法式蘑菇醬（請參照P.72）
　…100g
水…50ml
雞肉澄清湯（請參照P.8）…50ml
奶油…10g
鮮奶油…30ml

━ 直徑21cm的鍋子

1　將菇類切成容易食用的大小。

2　用平底鍋製作榛果奶油後，加入鹽與1，以大火翻炒至上色且水分收乾為止。

3　將湯品的所有材料放入鍋中，以大火煮沸後，使用手持式食物調理機攪打起泡。與2一同盛盤。

菇菇法式布丁

法式布丁，是一種不添加砂糖的蔬菜布丁，口感柔密香滑最為理想。因為有加入鮮奶油，
若是過度攪拌會發泡而變硬，所以攪拌布丁液時留意不拌入空氣是一大重點。以相同分量
的番茄糊紅醬，一樣可以用相同方法製作成法式布丁。

材料 5個份
＊長12×寬4×深3cm的耐熱容器
法式蘑菇醬（請參照P.72）…150g
牛奶…75ml
鮮奶油…75ml
全蛋…1顆
蛋黃…1顆
鹽…1g

1 將蘑菇醬、牛奶倒入調理碗中，用打
蛋器攪拌但是要避免起泡。加入鮮奶油攪
拌，注意不要拌入空氣（照片a）。將全
蛋及蛋黃打散成蛋液，加入拌勻後，用濾
勺過濾。

2 將**1**倒入容器，約九分滿。將容器置
於放有網架的淺盤內，注入熱水（照片
b），水量與布丁液同高最佳。放入110℃
的烤箱中隔水烘烤45分鐘。中途熱水量
減少時要補水。布丁液會從四周開始凝
固，請試著左右移動器皿，若布丁液不會
晃動，即完成。
＊若是使用蒸鍋，器皿請包上保鮮膜，以小
火蒸約18分鐘。

a

b

法式番茄醬
sauce tomate

這道醬汁濃縮了許多食材的鮮味,雖然同為番茄醬夥伴,滋味卻和番茄糊紅醬截然不同。最一開始與番茄一同加入的水,彷若召喚之水,讓番茄更容易釋出甘甜水分。後來加入的水,則是為了更好過濾,也為了提高醬汁的實用性。醬汁一旦完成,即使再加水也不會降低其風味,無須擔心。法式料理用的番茄醬有個特徵:用奶油翻炒。不過據說法國南部也有些是使用橄欖油來翻炒。

材料 方便製作的分量
番茄…中型5顆(600g)
紅蘿蔔…1根(100g)
西洋芹…1/2根(50g)
洋蔥…1顆(150g)
大蒜…2瓣(15g)
培根片…50g
奶油…20g
番茄膏…30g
水…100ml
鹽…4g

▬ 直徑21cm的深鍋
保存 冷藏可保存3～4天。
冷凍則可保存1個月(使用時再加熱)。

1 將番茄切成大塊狀。紅蘿蔔、西洋芹、洋蔥全部切成1cm的丁狀。大蒜切成薄片。培根片切成1cm寬。

2 將奶油放入鍋中,以中火加熱融化,放入培根,炒出香氣後,將番茄以外的所有蔬菜全部加入(照片a),翻炒。當鍋底炒到出現一些焦色,蔬菜釋出鮮甜後,加入番茄膏(照片b),以小火翻炒,去除酸味。翻炒時一邊將附著在鍋底的鮮味刮下,注意不要炒焦了。

3 加入番茄及水,以大火煮沸後轉為小火,煮至蔬菜變軟。加入2g的鹽稍微攪拌,再繼續煮30分鐘左右。

4 煮到水分收乾呈厚實狀,醬汁即完成(照片c),不過請再加入150ml的水,將沾附在鍋面上的鮮味刮下攪拌,煮至沸騰。加入2g的鹽稍微攪拌,再以過濾器過濾(照片d)。

［法式番茄醬］的應用料理

輕燉洋蔥茄子

這道料理的重點在於，必須耐心地炒出洋蔥的鮮甜但不炒焦，並同時加油煎煮使茄子內部
熟透變軟。少了油，茄子就會受熱不均，因此必須不厭其煩地補充油分。茄子吸油快又
多，用油量大，因此我建議使用優良油品來料理。完成品不留汁液，是我獨創的風格——
「輕燉」。這道菜非常適合搭配義大利麵，請務必備上適量一同享用。

5 當**3**煎出美味色澤後，用油炸夾
等夾住茄子，若感覺已經軟嫩則翻
面，善用平底鍋的鍋緣將茄子皮全面
煎透（照片b）。

6 將白酒加入**4**，轉大火，煮至酸
味揮發。撒上1g的鹽，攪拌均勻。

7 將**6**及醬汁倒入**5**的平底鍋內（照
片c），翻炒混合，再加入50ml的水
（分量外）、1g的鹽、胡椒，稍微燉煮
一會兒。加入帕瑪森乳酪稍微攪拌即
完成。

a

b

c

材料 2人份

圓茄…5顆（450g）

A ┌ 洋蔥…2小顆（200g）
　├ 大蒜…2瓣（10g）
　├ 橄欖油…15ml
　└ 水…50ml

鹽…3.5g

橄欖油…80ml

白酒…25ml

法式番茄醬（請參照P.76）…100g

黑胡椒…適量

帕瑪森乳酪…8g

── 直徑21cm的鍋子、
直徑26cm的平底鍋

1 將洋蔥及大蒜切成薄片。將A放
入鍋中，以中火炒。

2 茄子縱切成半，並於外皮淺淺劃
出寬度5mm的格狀。內側則劃出寬
度1cm的格狀，並撒上1.5g的鹽，當
表面漸漸濕潤時，擦乾水分。

3 平底鍋中加入5ml的橄欖油，將
2的內側朝下放入，以中火～大火煎
煮。為了確保油能布滿鍋面，煎的過
程必須一次次補加15ml左右的油（照
片a），至此一共用了80ml的橄欖油。

4 當**1**炒到水分收乾時，請補加約
40ml左右的水（分量外），炒至甜味
釋出，並留意不要炒焦。

[法式番茄醬] 的應用料理

香草羊肩排

實用性高的法式番茄醬，也很適合搭配像小羔羊這種風味強烈、獨具個性（我這麼說是褒獎）的肉類食材。在法國，小羔羊從北方到南方各地，都有當地特有的品種，不過法式番茄醬還是跟南方羊較對味。這就是我所說「出自同土地的產物最契合」的法則。

材料 2人份

羊肩肉（帶骨）…4根（350g）

鹽…3.5g

橄欖油…25ml

A ┌ 迷迭香…5g
　├ 百里香…5g
　├ 鼠尾草…5g
　├ 龍蒿…5g
　└ 月桂葉…3g

黑胡椒…適量

法式番茄醬（請參照P.76）…100g

水…1大匙

▬ 直徑26cm的平底鍋及小鍋

1　將小羔羊肉外側的油脂取下，撒上鹽輕輕按壓入味，置於室溫下最少15分鐘。

2　將橄欖油及A倒入平底鍋，以小火炒，使油帶有香草香。用油炸夾將鍋中的香草夾起，若感覺變輕了，即可取出。

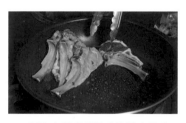

3　用2充滿香草風味的油來煎1。先煎側面，表面薄薄上色後，立起肉塊，煎油脂面。

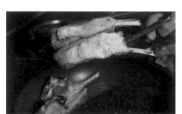

4　油脂面煎上色後，將肉塊翻倒，尚未煎煮的那面朝下。煎的過程中，一邊舀起煸出的油脂淋上肉塊。

5　煎至表面膨脹起來，煎煮面呈美味的色澤後，再次翻面，重複淋油煎煮。

6　當表面滲出一絲血水，表示已五分熟。此時撒上胡椒，開大火煎出胡椒香。

7　將醬汁、水倒入小鍋子加熱後，倒入盤中，接著將6盛盤，以2的香草裝飾即完成。

大蒜醬
sauce ail

「Ail」在法語中是「大蒜」之意。大蒜香氣濃郁豐富，因而被赫赫有名的法國名廚埃斯科菲耶（Auguste Escoffier）稱為「普羅旺斯香草」。這道醬汁說白了就是「蒜醬」，然而大蒜風味太出風頭可不行。完成的醬汁要既溫潤又高雅。大蒜一經加熱，強烈蒜香就會撲鼻而來，因此大蒜一加進炒洋蔥中，就要立即加入澄清湯來修潤。然後必須燉煮到軟爛為止，否則蒜味還是會太過強勢。

材料 方便製作的分量
大蒜…3顆（180g）
洋蔥…1顆（130g）
奶油…30g
水…100ml
雞肉澄清湯（請參照P.8）…500ml
鮮奶油…70ml
鹽…1g

━ 直徑18cm的鍋子
保存 冷藏可保存2～3天。

1　將大蒜對切成半，取出蒜芯。洋蔥切成薄片。

2　將洋蔥、奶油、水放入鍋中，以中火充分翻炒至甜味釋出為止。

3　加入大蒜及澄清湯，以中火燉煮（照片a）。

4　試著用手指按壓大蒜，若煮到軟爛而可輕易壓碎時，加入鮮奶油，煮至滾沸（照片b）。請試過味道後，再斟酌加鹽調味並拌勻。

5　將滾沸的4倒入攪拌器（照片c），攪打至整體變得滑順為止。

香草蒜香沙丁魚

煎煮青背魚類的訣竅，在於不要一開始就煎到完全上色。這是為了煎出帶腥臭味的油脂。如果一鼓作氣用大火煎煮的話，油脂無法流出來，反而全封在魚肉內部。因此，應該在煎第一回時先將油脂煎出，煎第二回合時再加強火候煎出美味色澤。除了沙丁魚，其他像是鯖魚、秋刀魚等所有青背魚、白肉魚類或雞肉，也都很適合搭配大蒜醬汁呢。若是白肉魚類，放入大蒜醬中烹煮也很可口。

材料 2人份

沙丁魚…2條（1條120g）

橄欖油…15ml

大蒜（帶薄皮）…2瓣

A ┌ 迷迭香…7g
  ├ 百里香…5g
  ├ 鼠尾草…3g
  └ 龍蒿…1.5g

檸檬…1/8顆

鹽…1g

黑胡椒…少許

大蒜醬（請參照P.80）…50～60g

━━ 直徑26cm的平底鍋

1 取出沙丁魚內臟，去除魚鱗。

2 平底鍋中倒入10ml的橄欖油，並放入大蒜及沙丁魚，以小火煎煮，魚肉下方保持有油的狀態。煎出的油脂（照片a）請擦拭掉。煎至微微上色後翻面繼續煎。

3 另一面也微煎上色後再次翻面，加入A與5ml的橄欖油（照片b），加強火候，煎出色澤，並使魚肉滿溢著A的香草香氣。

4 當兩面都煎出美味的色澤後，擠入檸檬汁，再撒上鹽及胡椒。將魚盛盤，淋上熱好的大蒜醬汁，再以大蒜、A及檸檬裝飾。

［大蒜醬］的應用料理

蒜香雞絲湯

大蒜醬獨特之處在於能轉化成湯品。在製作醬汁的階段就特意柔化大蒜的濃厚氣息，大大拓寬其運用範圍。為了避免流失雞肉的鮮甜，輕柔地將雞肉放入已煮沸的熱水中燙熟。取出靜置，便能使雞肉舒展鬆軟。筋一旦煮過就會變硬而難以去除，因此請在生的狀態下先去除乾淨。

材料 2人份

雞胸肉…1塊（170g）

鹽…0.5g

蒜油（請參照P.66）…1/4小匙

A ┌ 大蒜醬（請參照P.80）…240g
　├ 牛奶…140ml
　└ 鹽…4g

━━ 直徑21cm的鍋子

1 雞肉先去皮，將肉塊依纖維方向切成兩半，將肉中的筋全部取出（照片a）。

2 將水倒入鍋中，以大火煮沸後，加入大量鹽，將**1**放入燙煮（照片b）。試著按壓，煮到尚存些許彈性的程度即可。將肉塊取出，以餘熱加熱。冷卻後撕成細絲，加鹽、蒜油一起混拌（照片c）。

3 將A放入鍋中，以中火煮，加熱煮成喜好的濃度（照片d）。倒入盤中，將**2**盛盤即完成。

第 5 章 其他醬汁

集結新舊的萬能醬汁

我集結了多道難以明確分類的醬汁，歸類為「其他醬汁」。雖然歸屬於「其他」，但每一道都卓爾不群，這點絕對無庸置疑。舉例像是橄欖醬時常擔任調味料的角色。法式酸辣醬、羅勒青醬，因使用了大量的香草或香料蔬菜而富含多層次風味，是其魅力所在。若說到巴薩米可醋醬或羅克福乾酪醬的萬用性，更是無出其右。能夠輕易搭配法式料理以外的餐點亦是其魅力之一。

橄欖醬
sauce tapenade

橄欖的發祥地是普羅旺斯地區。這道是以黑橄欖為主材料的糊狀醬汁，濃郁有深度且帶酸味。黑橄欖的味道會直接釋出，因此請選擇高品質的橄欖。利用食物調理機多次慢慢攪打，是為了讓容易聚集成球狀的橄欖更加滑順，同時也是為了避免攪打過猛導致橄欖產生熱氣。

材料 方便製作的分量
黑橄欖（罐頭，無籽）⋯150g
鯷魚（罐頭）⋯1罐（56g）
大蒜⋯1瓣（5g）
甜羅勒⋯5g
酸豆⋯1大匙（無鹽，10g）
橄欖油⋯30〜60ml

保存 冷藏可保存1週。

1 大蒜取出蒜芯，大致切成小塊。

2 將橄欖油以外的所有材料全倒入食物調理機中，鯷魚罐頭中的油也一起倒入（照片a）。慢慢地分次攪打。一面將沾附在旁邊的碎末刮下，仔細攪碎。

3 當整體混合均勻後，邊攪打邊將橄欖油緩緩滴入（照片b）。橄欖油量可依喜好調整，完成品的顆粒沒有非常細也無妨（照片c）。

[橄欖醬] 的應用料理

豬肉香菇法式三明治

法語的「Tartine」，意指法式開放式三明治。事先淋上油，是為了避免豬肉黏結在一塊，煎煮時就不必再加油了。畢竟不同於一般三明治，所以香菇汁液或是橄欖醬滲入法式長棍麵包也OK。那樣反倒更加美味。

材料 2人份

豬肩肉薄片⋯150g
香菇⋯5朵（110g）
杏鮑菇⋯2朵（80g）
鴻禧菇⋯130g
蘑菇⋯8朵（120g）
橄欖油⋯適量
鹽⋯3g
蒜油（請參照P.66）⋯少許
橄欖醬（請參照P.84）⋯45g
法式長棍麵包⋯1條
第戎芥末醬⋯40g

━━ 直徑26cm的平底鍋

1 將豬肉切成5～6cm長，淋上5ml的橄欖油，撒上1g的鹽。將菇類全部切成容易食用的大小。

2 將10ml的橄欖油倒入平底鍋，香菇與杏鮑菇並排放入，撒上鹽，以大火煎煮（照片a）。煎至水分揮發，且表面上色後，淋上蒜油增添香氣。將菇類分三次煎煮，每次加入10ml的橄欖油，整盤菇類共撒入2g的鹽。將所有煎好的菇類放入平底鍋，加入20g的橄欖醬，開大火，輕輕翻炒混合（照片b）。

3 將豬肉展開平放於平底鍋，以中火煎煮出美味色澤。

4 將法式長棍麵包縱切成半，塗上第戎芥末醬，將**2**與**3**擺上去，在各處點綴上25g的橄欖醬即完成。

煎烤鴨胸肉

鴨肉與雞肉的事前處理作業相同。將口感不佳的筋徹底去除是我的鐵則。與雞肉的唯一差別，是鴨肉有清晰可見的靜脈，這需要一併去除。處理完的肉塊大小不一，需要配置時間差來煎煮。利用餘熱加熱時，希望仍保持鴨皮脆度，所以我會將鴨皮朝上靜置。除了橄欖醬，另外撒上大量黑胡椒來享用也美味十足。

材料 2人份
鴨胸肉…1片（320g）
鹽…2g
橄欖醬（請參照P.84）…30g

— 直徑26cm的平底鍋

1 將鴨肉去筋，肉塊正中間的筋也取出，再從中將肉塊剖成二塊。表面的皮膜及靜脈也一併去除。

2 配合肉塊形狀，將鴨皮切割成略大於肉塊的大小。鴨皮表面切割出1～2cm寬的格狀，下刀要淺，避免切到肉身。肉塊表面撒上鹽並按壓入味，置於室溫下約10分鐘。

3 將較大的鴨肉皮朝下放入平底鍋，以中火煎煮。約3分鐘後轉為小火煎煮，肉塊下方須保持有油脂的狀態。

4 待大塊鴨肉先煎出美味的色澤後，再放入較小的鴨肉，以同樣方式煎煮。小塊的鴨肉沒帶皮。

5 舀起煸出的油脂淋上鴨肉，可由上而下間接加熱。為了平均加熱，肉塊較厚的部分要澆淋多一些熱油。

6 試著按壓肉塊，若滲出透明帶紅的肉汁表示煎好了。鴨皮朝上移放到淺盤等，利用餘熱繼續加熱。

7 將6縱切成半，塗抹上橄欖醬。盛盤，佐上紅酒蜜李子。

美味配菜
紅酒蜜李子

材料 方便製作的分量
蜜李子（帶籽）…220g
紅酒…300ml

1 將蜜李子放入耐熱容器中。

2 鍋中倒入紅酒，以大火煮至沸騰後，倒入1中（照片a）。攪散李子避免黏在一塊，冷卻後放入冰箱冷藏一天。最佳的品嚐時間是隔天，可存放3年左右。李子吸收了紅酒會膨脹，因此若李子露出表面，請再補足煮沸的紅酒。

a

巴薩米可醋醬
sauce balsamico

使用材料只有巴薩米可醋，是極為簡樸
的一道醬汁。藉由燉煮來濃縮巴薩米可
醋的風味，孕育出濃郁的甜味。在我店
裡也是常備醬汁，我將它裝入分裝瓶，
當成沙拉醬來使用。濃稠度是依燉煮
的情形而定，燉煮至剩一半左右的量最
佳，較不會因太稠而變硬。

材料 方便製作的分量
巴薩米可醋⋯500ml

━ 直徑18cm的鍋子
保存 常溫可保存1個月。

1 將巴薩米可醋倒入鍋中，以大火煮沸後轉小火，保持冒
小泡泡的火候來燉煮。若出現浮沫請撈除（照片a）。

2 若整鍋開始滾泡，此時容易燒焦，須特別留意（照片
b）。與最初冒的泡泡不同，請目測比較。

3 燉煮至剩一半左右的量，完成的基準在於是否出現光澤
及黏稠感（照片c）。冷卻後會變稠變硬，因此濃度差不多
時就可先熄火。此時實際完成的分量為225ml。

[巴薩米可醋醬] 的應用料理

香煎蔬菜

這是一道能大啖蔬菜的佳餚。將蔬菜切成大塊狀，充分煎煮出鮮味及甜味。從比較難熟透的食材開始依序加入，每加一樣蔬菜的同時也加入約3ml的橄欖油。唯獨南瓜比較容易軟爛碎開，因此建議獨立煎，讓南瓜塊之間保持距離為佳。

材料 2人份

南瓜…120g

櫛瓜…2條（200g）

茄子…2條（140g）

洋蔥…1/2顆（70g）

紅甜椒…1顆（170g）

鹽…4g

橄欖油…適量

巴薩米可醋醬（請參照P.88）

　…20～30g

━━ 直徑26cm的平底鍋

1 將南瓜部分削皮，切成約1cm厚的片狀。櫛瓜縱切成半。茄子縱切成半後，於內側劃出1cm寬、外皮5mm寬的格狀紋路。洋蔥切成圓輪形。紅甜椒以炭烤方式剝皮（P.123，步驟**1**）處理後，切成3～4等分。

2 將**1**全部平均撒上鹽。將櫛瓜與茄子釋出的水分擦乾。

3 將10ml的橄欖油倒入平底鍋，放入洋蔥、茄子皮朝上，以中小火煎煮。煎至上色後翻面，放入櫛瓜及3ml的橄欖油，兩面煎熟。若油量不足則逐次補足。煎好後放到鋪著廚房紙巾的淺盤上，將油瀝乾（照片a）。南瓜與甜椒另外煎，煎法不變（照片b）。將蔬菜盛盤，再淋上巴薩米可醋醬。

[巴薩米可醋醬] 的應用料理

紅燒豬腿肉及根菜

這道法國版糖醋肉，可說是道對中華料理表示敬意的料理。蔬菜裸炸僅是為了去除水分，移至平底鍋後再煎出色澤即可。煎煮時不要過度攪拌，將蔬菜與豬肉一同煎出美味色澤，並將醬汁加熱使其香飄四溢。蔬菜我選用了根莖類，不過像紅蘿蔔、洋蔥、香菇等必備基本蔬菜也都很合適，請依個人喜好選擇。水果乾的酸甜味有增添料理層次及深度的效果。

材料 2人份

豬腿肉…300g
蓮藕…1/2大節（120g）
番薯…100g
山藥…100g
高筋麵粉…4g
油炸油…適量
橄欖油…10ml
藍莓果乾…20g
蔓越莓乾…20g
鹽…3.5g
黑胡椒…適量
巴薩米可醋醬（請參照P.88）…25g

▬ 直徑26cm的平底鍋

1 將豬肉切成一口大小，撒上2g的鹽並輕輕按壓入味，置於室溫下約5分鐘。

2 蓮藕削皮後泡水，番薯縱向間隔去皮後泡水，皆以滾刀切塊。山藥也滾刀切塊。

3 將高筋麵粉加入**1**攪拌混合。將油炸油加熱至150℃，豬肉入鍋，油炸時一面攪拌，避免黏在一塊。炸至上色後起鍋，放入篩網中瀝油，藉餘熱繼續加熱。

4 油炸油加熱至150℃來炸番薯。炸至微微上色後，加入蓮藕及山藥，炸出色澤後取出，放到**3**的篩網上。

5 將橄欖油加入平底鍋中，以大火加熱，將**4**放入，撒上1.5g的鹽及胡椒煎煮。不要過度攪拌。

6 煎出焦色後熄火，繞圈淋上巴薩米可醋醬。攪拌混合後開大火翻炒。

7 當飄出巴薩米可醋醬的香氣時，加入水果乾，拌勻即完成。

法式炸肉排

法式料理的「Cotelette」即是我們說的炸肉排（Cutlet），將小牛或小羔羊等裹上麵包粉後，以少許油煎炸而成的料理。炸出漂亮麵衣的關鍵在於高筋麵粉！為了防止油炸時分離，要確實沾裹後再拍下多餘的麵粉。油的用量，以肉塊上方能浮出油面為基準。一開始煎炸的那一面呈現美味色澤，而另一面的麵包粉固定後，就算炸好了。肉塊內部為三分熟。

材料 1人份

牛肋…1.2cm厚1片（160g）

鹽…1.5g

橄欖油…適量

A┌ 秋葵…4條（30g）
 ├ 甜豌豆…4根（20g）
 ├ 豌豆莢…6根（20g）
 └ 四季豆…50g

高筋麵粉…適量

蛋液…適量

麵包粉…適量

油炸油…適量

B┌ 奶油…5g
 └ 鹽…1.5g

巴薩米可醋醬（請參照P.88）…15g

━━ 直徑26cm的平底鍋

1 去除牛肉多餘的油脂，切下牛筋，兩面都撒上鹽，置於室溫下約5分鐘。

2 鍋中倒入大量的水及適量的橄欖油，以大火煮沸，將A加入鍋中快速汆燙後，取出放上篩網瀝乾水分。

3 將**1**裹滿高筋麵粉，拍除多餘麵粉。沾滿蛋液，再裹上麵包粉。用力按壓塑形。

4 平底鍋內約倒入低於1cm高的油炸油，加熱至160〜165℃，將**3**緩緩放入（照片a）。此時也可以加入奶油（分量外，約10g）來增添風味。用油炸夾等夾起肉塊，使煎炸時油能布滿肉塊底部（照片b）。煎出美味色澤後即翻面。煎至麵包粉固定的程度即可起鍋瀝油。

5 將5ml的橄欖油倒入平底鍋，將**2**放入，開中火，稍微攪拌後，將B加入一起煎熟後即可盛盤。將**4**切成方便食用的大小後擺上，再淋上巴薩米可醋醬。

材料 方便製作的分量

洋蔥…1顆（100g）

A ┌ 醃黃瓜…100g
　├ 酸豆…1大匙（無鹽10g）
　└ 義大利荷蘭芹…僅葉片1g

黑胡椒…適量

橄欖油…8ml

保存 冷藏可保存1週。

1 將洋蔥切大塊，放入食物調理機中，攪碎成細末但不出水的程度（照片a）。

2 將A加入**1**中（照片b），分次慢慢攪碎，一面將沾附在側邊的細末刮下。請不要打到出水或呈膏狀，要呈現顆粒感（照片c）。

3 加入胡椒、橄欖油，稍作攪拌即完成。

法式酸辣醬
sauce ravigote

「Ravigote」在法語中有「使恢復活力」的意思，這道醬汁裡混合了切成細末的酸黃瓜或香料蔬菜等，是能夠發揮食材的酸味或辣味的冷製醬汁。也可當成沙拉醬使用，搭配滋味濃厚的料理也很契合。蔬菜如果滲出水分，代表「已經碎過頭」了。請觀察食物調理機內的狀況，分次慢慢攪碎至呈現小顆粒狀。

a

b

c

烏賊芹菜沙拉

這道沙拉製作起來相當輕鬆簡單。烏賊可選擇自己喜好的種類，只要有一點厚度方便切成格狀即可。西洋芹建議要去除皮和筋口感較佳，與烏賊的口感也較一致。加入其他香草類等食材，馬上搖身一變成為豪華料理，因此也可用來招待宴客。

材料 2人份

烏賊（生魚片用）
　…2隻（不含皮及腳180g）
西洋芹…100g
A ┌ 法式酸辣醬（請參照P.93）…50g
　├ 橄欖油…10ml
　├ 鹽…0.5g
　├ 義大利荷蘭芹（切細末）…2g
　└ 黑胡椒…少許

1 將烏賊切成3cm的塊狀。西洋芹削去一層薄皮，斜切成片。

2 煮一鍋熱水，加入約2%的鹽，將烏賊放入快速汆燙。起鍋放入篩網，確實瀝乾水分。

3 將2、西洋芹及A放入調理碗中攪拌，即完成。

[法式酸辣醬] 的應用

酥炸竹筴魚

無論是魚料理還是油炸物，搭配上法式酸辣醬都很對味。因為醬汁的基本元素是酸黃瓜及
洋蔥，所以使用起來與未加美乃滋的塔塔醬相似。也很適合配上炸蝦等享用。竹筴魚過度
加熱會變硬，因此必須高溫快速油炸。

材料 2人份

竹筴魚…2條（1條100g）

鹽…0.5g

高筋麵粉…適量

蛋液…適量

麵包粉…適量

油炸油…適量

法式酸辣醬（請參照P.93）

　　…10g

1　將竹筴魚削成3片，撒上鹽。

2　將**1**裹滿高筋麵粉，再拍除多餘的麵粉（照片
a）。沾滿蛋液，再裹上麵包粉。用力按壓塑形。

3　將油炸油加熱至170℃，手抓著**2**的尾端，緩
緩放入鍋中（照片b）。炸大約2分鐘，中途要翻
面，炸至泡泡變小，且表面呈現美味色澤為止。
置於鋪著廚房紙巾的淺盤上，將油瀝乾即可盛
盤，佐上法式酸辣醬。

羅克福乾酪醬
vinaigrette de roquefort

將油加入醬汁就必須使其乳化，這是鐵則，不過也不必太過緊張兮兮。還有，完成品就算留下顆粒也OK。我反倒希望殘留些顆粒，讓大家品嚐時能玩味一下羅克福乾酪濃淡不一的滋味呢。不可否認，這道醬汁在色彩的呈現上未臻完美，不過真的是既萬能又美味絕倫。

材料 方便製作的分量
羅克福乾酪⋯60g
紅酒醋⋯20ml
橄欖油⋯60ml
黑胡椒⋯適量

保存 冷藏可保存1週。

1 將羅克福乾酪放入調理碗中，用打蛋器輕輕壓碎，再加入紅酒醋一起混合（照片a）。

2 逐次加入一點橄欖油並攪拌混合（照片b）。當橄欖油完全融入後，再加入胡椒攪拌即完成。

羅克福乾酪奶油醬
crème de roquefort

在法國，羅克福乾酪是很普遍的食材，也常運用於醬汁。這道是用鮮奶油製作出來的溫暖醬汁。加入雞肉澄清湯是為了加強濃度，對我來說是必備的材料，因為我認為如果單靠鮮奶油，深度與滑順感都稍嫌不足，作為醬汁的力道還不夠。

材料 方便製作的分量
羅克福乾酪⋯150g
紅蔥頭⋯2顆（80g）
奶油⋯40g
雞肉澄清湯（請參照P.8）⋯150ml
鮮奶油⋯150ml

直徑21cm的鍋子
保存 冷藏可保存3天。

1 將紅蔥頭切成薄片。

2 將奶油放入鍋中，以小火加熱，奶油開始融化後，將**1**加入拌炒。當整鍋起泡且飄出香味後，加入澄清湯（照片a），轉大火燉煮。

3 燉煮至剩下約一半的量時，加入鮮奶油。煮至嘖滋嘖滋冒泡後，加入羅克福乾酪，輕輕壓碎乾酪，煮至滾沸。

4 將**3**倒入攪拌機中攪打（照片b）。變滑順後，以濾勺過濾即完成。

燒烤長蔥

長蔥的燒烤狀況會影響這道料理的美味度。燒烤時不要烤到出水是重點。長蔥釋放出來的
水分飽含甜味，所以千萬別白白浪費了。烤出焦色後，轉小火不疾不徐加熱直達內部。

材料 2人份
長蔥…4根（僅白色部位）
羅克福乾酪醬（請參考P.96）
　　…40g

1　將長蔥切成10cm長。

2　烤網加熱後，將**1**擺上，隔段距離用大火烤。
烤出焦色後轉小火，慢慢加熱直達內部（照片a）。
用油炸夾等夾夾看，蔥若變軟代表烤好了。趁熱
拌上羅克福乾酪醬。

法式檸檬醃魚

「Ceviche」是指醃製的海鮮料理，為祕魯與墨西哥的家鄉料理。看來祕魯也有生吃魚類
的飲食文化呢。道地的醬汁是結合了香草或是辛香料，不過我將這道料理轉化成法式風
味，是我獨創的另一種風格。

美味配菜

酒漬紅洋蔥

材料 方便製作的分量
紅洋蔥…10顆（300g）
A ┌ 白酒…200ml
　├ 鹽…2g
　└ 砂糖…20g

1 將紅洋蔥對切成半，放入耐
熱容器中。

2 將A放入鍋中，以大火煮至
沸騰後，將洋蔥倒入**1**，使紅洋
蔥能浸泡其中（照片a）。待冷
卻後，放入冰箱冷藏1天。最佳
品嚐時間是隔天，保存時間約2
週左右。

a

材料 2人份
比目魚（生魚片用）…100g
A ┌ 檸檬汁…10ml
　├ 鹽…0.5g
　└ 羅克福乾酪醬（請參照P.96）
　　　…30g
黑胡椒…少許

1 將比目魚切成厚塊狀。

2 將**1**與A放入調理碗中，輕輕拌勻，
放入冰箱冷藏約5分鐘。撒上少許胡椒，
再與切成1/2～1/4的酒漬紅洋蔥一起盛
盤。

[羅克福乾酪奶油醬] 的應用料理

香煎雞胸肉

雞胸肉與大腿肉的煎法重點不同。關鍵在於不直接煎煮肉身。至於應該怎麼煎，其實就跟處理大腿肉一樣，透過澆淋熱油間接加熱，完成時只需快速翻面而已。雞皮煎得酥酥脆脆，而雞肉軟嫩，可輕鬆切片。

材料 2人份

雞胸肉…1塊（300g）
鹽…3g
萵苣…1顆
橄欖油…15ml
奶油…25g
黑胡椒…適量
羅克福乾酪奶油醬（請參照P.96）
　…40g

━ 直徑26cm的平底鍋

1 將雞肉的油脂與筋取出。肉塊正中央的筋也要去除，並從中切成兩塊。肉面都撒上2g的鹽，置於室溫下15分鐘。

2 萵苣連菜心一起切成4等分。將10ml的橄欖油倒入平底鍋，放入萵苣以大火煎出美味色澤。其他面也要煎，煎至柔軟後加入1g的鹽與15g的奶油，利用奶油的水分將萵苣煮至軟爛為止。

3 在另一個平底鍋中加入5ml的橄欖油，將**1**中較大的肉塊皮朝下放入，以小火煎煮，肉塊下方請保持有油脂的狀態。觀察雞皮，煎出美味的色澤後，加入10g的奶油，轉為極小火，當奶油滾泡後，邊煎邊舀奶油往肉塊上澆淋（照片a）。

4 試著按壓，若感覺到熟透的彈性，加入較小的肉塊，雙面油煎。當小塊肉熟透後，將大塊肉翻面，熄火（照片b）。撒上胡椒後取出肉塊，以餘熱加熱。斜切成1cm寬的肉片即可盛盤，佐上**2**，再淋上羅克福乾酪奶油醬。

羅勒青醬
sauce pistou

羅勒青醬的法文是「Pistou」，為南法普羅旺斯地區的醬汁，甚至也有湯品也以「Pistou」命名，其舉足輕重的存在可見一斑。羅勒的切口遇到空氣色澤就會變差，因此一開始就先加入橄欖油來防止變色，另一個目的則是為了使食物調理機更容易攪打。

材料 方便製作的分量

A ┌ 甜羅勒…僅葉片50g
  ├ 大蒜…3瓣（15g）
  ├ 帕瑪森乳酪…30g
  └ 鹽…1g
橄欖油…100ml

保存 冷藏可保存1週。

1　將大蒜切半，取下蒜芯。

2　將A、一半的橄欖油倒入食物調理機中攪打（照片a）。將沾附於側邊的碎末刮下。攪碎到變滑順後，再將剩餘的橄欖油倒入，再進一步攪碎（照片b）。

[羅勒青醬]的應用料理
青醬葡萄柚沙拉

醬汁不直接淋上是為了保留食材的外形美觀，葉類沙拉亦是如此。因為要將醬汁置於邊緣，用稍大的調理碗會比較好攪拌。羅勒青醬與酸度高的標準黃色葡萄柚特別對味。不建議使用較甜的粉紅葡萄柚，會模糊味道的重點。

材料 2人份

葡萄柚…2顆
羅勒青醬（請參照左方作法）…30g
黑胡椒…適量
甜羅勒…適量
油炸油…適量

1　甜羅勒先裸炸。

2　將葡萄柚一瓣瓣撥開，去掉薄皮，放入調理碗中。從周圍加入羅勒青醬（照片a），小心攪拌避免壓壞果肉。加入胡椒拌勻。盛盤後，用1裝飾即完成。

秋刀魚與醃蘋果

青背魚撒上鹽可去除其特有的腥臭味，也可提高保存性。如果按壓入味會導致魚肉碎開，因此鹽只要撒上即可。不先剔除中間的魚骨，等浸醋後再來處理，是為了避免滲入過多鹽導致過鹹。如果鍾愛酸酸的滋味，也可以將浸醋的時間拉長。這道菜的擺盤可盡情享受大膽下刀的樂趣。

材料 2人份

秋刀魚（生魚片用）…2條
鹽…40g
穀物醋（或是米醋）…適量
蘋果…大顆的1/2（180g）
羅勒青醬（請參照P.100）…60g

1 將秋刀魚切成3片。中間魚骨先不去除。淺盤撒上薄薄一層鹽，將秋刀魚皮朝下放入。撒上滿滿的鹽蓋過魚身，放入冰箱冷藏約1小時。

2 用手觸碰，若魚肉變結實（照片a），即可用醋清洗掉鹽。將秋刀魚的魚皮朝下放入新的淺盤中並排，倒入約可淹過魚身的醋（照片b）。放入冰箱靜置冷藏5～15分鐘。

3 用廚房紙巾擦乾2的醋。此時將中間魚骨剔除（照片c）。從頭側下刀，用手壓住魚皮，將刀立起並平行移動取下魚皮（照片d）。

4 縱向將蘋果間隔去皮，對切成半後切成薄片。加入1g的鹽（分量外）拌勻。

5 將3與4交錯相疊擺於盤上，再佐上羅勒青醬即完成。

第 6 章 由傳統料理
孕育出的醬汁
美妙的法式佳肴及
無與倫比的幸福醬汁

製作傳統法式料理，學習料理的同時也能享受醬汁的樂趣。這是因為傳統料理的湯品正可構成一道道獨立的醬汁。此外，那些醬汁可進一步再延伸出嶄新的菜單。這種巧妙絕倫、一石二鳥的延伸，是新鮮又愉快的嘗試。料理的基礎材料各式各樣，可以是肉類、海鮮類、蔬菜類等，不用說，其中連結的醬汁當然更加多彩多姿。請各位多多親自動手製作，盡情享受料理的多樣性與無拘無束。

紅酒燉牛肉

原文菜名中的「Bœuf」是指牛肉，而「Bourguignon」則是勃根地風味的意思，這道料理在法式
小酒館也是相當常見的家鄉菜。正規的紅酒燉牛肉會使用勃根地產的紅酒，不過我對卡本內蘇維
翁情有獨鍾。如果時間充裕的話，燉好後再靜置一晚，隔日加溫後風味最佳！滋味格外地好。如
果能放置一晚再食用的話，燉煮時間大約3小時就夠了吧。最後再傳授一個專業級的祕技給各位
吧。將醬汁過濾成「酒之鏡」時，只要加入蒜末，便可以帶出整體深度，美味更升級。

材料 3～4人份
牛五花肉…600g
紅酒（醃製用）…500ml
沙拉油…30g
高筋麵粉…5g
A ┌ 紅酒…300ml
　└ 水…300ml
紅酒（「酒之鏡」用）…200ml
B ┌ 溶於水的玉米粉…1小匙
　│ （＊水與玉米粉以10：1的比例混合
　│ 　均勻）
　├ 鹽…2g
　├ 黑胡椒…少許
　└ 榛果奶油（請參照P.66）…10g
＊紅酒共計使用1ℓ

━ 直徑26cm的平底鍋、
直徑21cm的鍋子與小鍋子

1　牛肉切成大塊狀，加入500ml的紅酒，放入冰箱冷藏醃製一晚。

2　用篩網過濾1。紅酒還能使用，請留下備用。此時的紅酒會呈現混濁狀態。

3　將2的紅酒倒入鍋中，以大火煮。輕輕攪拌使其平均受熱，讓融入紅酒的牛肉蛋白質凝固。煮到快溢出時，將火轉小，靜待浮沫聚集凝固。取2個濾勺，中間夾廚房紙巾來過濾。紅酒的混濁感消失，出現透明感。

4　將沙拉油、2的牛肉倒入平底鍋中，以大火煎煮。此時會跑出大量的水分，請將水分煎至蒸發。偶爾翻面，使肉塊表面覆滿油，煎出美味色澤。

5　將4移到鍋中，加入增加黏性的高筋麵粉一同攪拌，以小火～中火翻炒至鍋底出現一層薄膜。

6　將3與A加入鍋中，以大火煮沸後轉為中火，出現浮沫請撈除，並轉小火燉煮至少3小時。若浮沫出現前就轉小火，會煮不出浮沫，請留意這點。水分若減少，請加水（分量外）補足蓋過肉塊的水量。燉煮3小時後，再靜置一晚最為理想。

7　用小鍋子煮紅酒，製作「酒之鏡」（請參照P.66）。

8　將6加熱後，取出牛肉。

9　以中火燉煮8的湯汁，將B加入，用打蛋器充分攪拌混合。

10　將9過濾至7中，攪拌並加熱。將加熱好的牛肉盛盤，淋上醬汁。牛肉放入醬汁中加熱亦可。

▨醬汁同步完成

取自紅酒燉牛肉
牛肉紅酒醬

保存　冷藏可保存1週。冷凍則可保存1個月（使用時再加熱）。

[牛肉紅酒醬] 的應用料理

牛肉果乾塔

奢華且絕對美味的果子塔！要融合顏色繽紛的食材，還是得靠醬汁。因為這道是重製料理，因此標示的牛肉分量請當作參考，使用實際剩餘的牛肉來製作即可。將一半不到的水果乾放入菇類汁液中浸泡，使其飽滿而柔軟，產生不同的口感與風味。油酥塔皮是萬能塔皮，不管做成甜食還是鹹食都很適合。這道食譜是我的自信之作，請務必親手做做看！

材料 直徑16cm的塔模1個份

蘑菇…75g

A ┌ 無花果乾…40g
  ├ 杏桃乾…40g
  ├ 蔓越莓乾…20g
  └ 葡萄乾…15g

━ 直徑24cm的平底鍋

「紅酒燉牛肉」的牛肉…140g

奶油…10g

黑胡椒…適量

油酥塔皮（請參照P.107）…1個

牛肉紅酒醬（請參照P.105）…3大匙

1 蘑菇對切成半。將A比較大顆的果乾切成一小口的大小，牛肉也切成一口大小。

2 將奶油及蘑菇放入平底鍋，以中火確實炒至上色後熄火，靜待水分釋出。

3 以中火炒**2**，撒上胡椒。加入1/3的A，讓果乾慢慢吸收蘑菇釋出的水分，炒至水分收乾為止。

4 將牛肉與剩餘的A（2/3的量）排放於油酥塔皮上。平均擺上**2**，再淋上醬汁。放入高溫（200℃）的烤箱中烤到表面上色為止。

萬能塔皮 油酥塔皮

材料 直徑16cm的塔模2個

奶油…100g

A ┌ 低筋麵粉…100g
　└ 高筋麵粉…100g

B ┌ 水…50ml
　├ 鹽…1g
　└ 蛋黃…1/2顆（10g）
　＊剩下的1/2顆蛋黃可用來刷底

○奶油切成1cm的丁狀，所有材料都先放置冰箱冷藏。
○將A混合過篩。

1 將A放入調理碗，加入奶油。用手搓揉混合（照片a）。搓揉到呈黃色肉鬆狀為止（照片b）。

2 將B攪拌融化，加入**1**中，從底部往上撈，輕快地混合（照片c）。攪拌成團後用手按壓揉捏。以手指按壓，若壓下的洞不會恢復，就表示OK了（照片d）。若會恢復，表示搓揉過頭出筋了。

3 將麵團塑形成一塊，用保鮮膜密封防止空氣進入，放入冰箱靜置冷藏2小時（照片e）。
※麵團在這個狀態下可以冷凍保存。使用時再冷藏解凍即可。

4 保鮮膜平鋪，取1/2的**3**放上去攤平，上面再蓋上一層保鮮膜。用這種方式即可不必撒上手粉。用擀麵棍擀成約2～3mm的厚度，大小要比塔模大上一圈（照片f）。

5 將上方的保鮮膜取下，手握下方保鮮膜直接翻面套上塔模。將突起處拿起調整角度，沾黏上塔模的邊緣，確保鋪得服貼避免空氣進入。接著將保鮮膜蓋上塔模上，利用擀麵棍從上方推過，去除多餘的麵團（照片g）。放入冰箱冷藏靜置10分鐘。

6 用叉子在塔皮底部輕截出小孔（照片h）。鋁箔紙塗上薄薄一層奶油（分量外），再將奶油面貼附塔模，塔模側邊也要漂亮的貼合。放入塔餅石（重石），約鋪到塔模的7分滿。因為是從外側來加熱，所以讓正中央稍微下凹。烤箱先以200℃預熱，降至180℃後，將塔模放入烘烤16分鐘，表面微微上色後，移除鋁箔紙及塔餅石（照片i）。再繼續烘烤12分鐘，出現烘烤的色澤。塔皮底部及側面以剩餘的蛋液刷上薄薄一層（照片j）。這個步驟就稱為「刷底」（指塗刷上蛋液）。蛋液可形成薄膜覆蓋底部的小孔，水分就難以滲入。

簡易乳酪義大利麵

義大利麵種類繁多，若您想要盡情品嚐濃厚的乳酪味，我建議選用筆管麵。麵管洞中會吸附滿滿的乳酪，吃起來也特別有口感。如果沒有牛肉，光是醬汁就足夠了。如果想再搭配其他食材，菇類或任何肉類肯定都很對味。

材料 1人份

筆管麵…100 g

豬五花肉…30g

沙拉油…1小匙

牛肉紅酒醬（請參照P.105）…60g

「紅酒燉牛肉」的牛肉…120g

A ┌ 蒜油（請參照P.66）…2小匙

　├ 黑胡椒…適量

　├ 鮮奶油…10g

　├ 鹽…1g

　└ 義大利荷蘭芹（切細末）…5g

帕瑪森乳酪…5g

━ 直徑24cm的平底鍋

1 將豬肉切成1cm的丁狀。將沙拉油倒入平底鍋、再放入豬肉，以小火煸出油脂，慢慢將豬肉炒至酥脆（照片a）。

2 煮一鍋熱水，加入鹽（分量外），將筆管麵放入，並依照包裝指示時間烹煮。

3 將醬汁倒入平底鍋中加熱，將2與攪散的牛肉加入鍋中，開中火，攪拌混合（照片b）。將A與1加入拌勻即可盛盤，撒上帕瑪森乳酪。

法式小盅蛋

雞蛋經過加熱，會從周圍的液態蛋白開始凝固成白色，內側的濃厚蛋白也會逐漸凝固。完成品的蛋黃則是呈現半熟、黏呼呼的狀態，這正是美味所在。湯匙一舀，熟度應該會比目測的還熟才對。我拍胸脯保證，這道料理無論是搭配麵包、米飯，又或是配上紅酒都絕對對味！

材料 3盅

＊直徑8cm，容量130ml的烤盅

雞蛋⋯3顆

奶油、鹽⋯各適量

紅酒⋯25g

牛肉紅酒醬（請參照P.105）⋯50g

━ 直徑24cm的平底鍋、小鍋

1 將紅酒倒入小鍋中，製作「酒之鏡」（請參照P.66），接著再將醬汁加入，繼續燉煮至剩約一半的量。完成的基準量為40g。

2 烤盅內塗抹上薄薄一層奶油，撒上少許鹽。打蛋放入小型調理碗中，確認未掉入蛋殼，再小心移放入烤盅，確保蛋黃完整（照片a）。

3 將水注入平底鍋中煮沸，烤盅擺入鍋中，以中火加熱（照片b）。熱水量大約到烤盅的一半高。當周圍開始逐漸變白色後即可移離火，淋上**1**即完成。

a

b

法式田園濃湯

在日本，所謂的「Soup」，在法國其實還細分為兩類。一種是濃稠狀的「Potage」，一種是而清澈的湯品「Consommé」。說個題外話，如果將我們說的「Potage Soup」轉換成法式料理名稱，就會變成「Soup Soup」了。此外，原文菜名（Potage Paysanne）中的「Paysanne」一字，指的不僅是「田園風」，還有「切成1～2cm的薄片」之意，以此為雙關，這道料理名就成了「法式田園風湯」了。

材料 5～6人份
番茄…4顆（480g）
高麗菜…1/2顆（300g）
洋蔥…1顆（200g）
紅蘿蔔…1根（150g）
西洋芹…80g
馬鈴薯（五月皇后）…1顆（150g）
大蒜…1瓣（5g）
培根片…4片（80g）
橄欖油…1大匙
水…1ℓ
鹽…4g
義大利荷蘭芹（切細末）…適量
黑胡椒…適量

━ 直徑24cm的深鍋

1 將番茄燙過後剝皮去籽，切成1.5cm的丁狀。其他蔬菜、培根片都切成1.5cm的正方形薄片。大蒜切成細末。

2 將橄欖油及蒜末倒入鍋中，以小火翻炒。飄出香味後，加入培根一起炒。炒到油脂漸漸釋出後，加入洋蔥、紅蘿蔔及西洋芹，炒到軟嫩，釋放出蔬菜的甜味。

3 加入高麗菜，炒到軟嫩為止。

4 加入番茄稍微攪拌後，再加入水及鹽，轉為大火煮沸後，轉中火烹煮約10分鐘。

5 加入馬鈴薯，煮到熟透。請試過味道後，再斟酌加鹽（分量外）調味。盛盤，撒上義大利荷蘭芹，可依個人喜好撒上胡椒。

醬汁同步完成

取自法式田園濃湯
法式蔬菜醬汁

保存 冷藏可保存2天。冷凍則可保存1個月（使用時再加熱）。

焗烤白腰豆麥片

這道是我獨創的料理,近似卡酥來砂鍋但又有些微差異。法式蔬菜醬汁中添加了雞肉鮮味,無論如何料理都營養又美味。同一道食譜中可同時品嚐到燉菜與焗烤的滋味。焗烤經過烘烤水分就會蒸發,完成時請多留些湯汁。這道焗烤不添加乳酪。表面加強烘烤,烤得酥脆,與下方的多汁口感形成對比,大大提升美味度。可依喜好添加番茄,或是改成咖哩風味也不錯。

材料 3～4人份
白腰豆（烘乾）…150g
A┌ 法式蔬菜醬汁（請參照P.111）
  │   …500ml
  └ 水…500ml
雞腿肉…1大塊（380g）
鹽…3.5g
麥片…45g
沙拉油…2小匙
黑胡椒…適量

━ 直徑21cm的鍋子、
直徑24cm的平底鍋

1　將白腰豆放入充足的水中，浸泡一晚變軟。

2　將1的水瀝乾後放入鍋內，再加入大量的水以大火烹煮。煮到出現浮沫後，將白腰豆撈出置於篩網上瀝乾水分。

3　將白腰豆倒回鍋中，加入A，以大火煮沸後轉小火，冒著小泡泡慢慢燉煮。湯汁還沒煮熱前就已經浮出湯面的白腰豆請先撈除，因為即使燉煮也不會變軟。

4　不時攪拌，若出現浮沫則撈除。不過，如果過度攪拌會導致浮沫又溶回湯汁中，因此請等待浮沫聚集，只要偶爾攪拌即可。燉煮期間，雞肉先撒上2.5g的鹽並按壓入味，置於室溫下至少10分鐘左右。

5　試吃白腰豆，如果已經軟嫩，可加入麥片，維持小火繼續燉煮。

6　平底鍋中加入沙拉油，將雞肉雞皮朝下放入，開中火煎，肉塊下方保持有油脂的狀態，並一面澆淋熱油。煎出美味色澤後翻面煎，煎法亦同。煎好後切成1.5cm的丁塊。

7　當5的麥片煮軟後，將6與1g的鹽放入，並撒上多一點胡椒，煮至滾沸。接著倒入耐熱容器，放入高溫（200℃）的烤箱內，烘烤出美味色澤。若湯汁太少，先在鍋中補足水並加熱。基準大約是放入容器後，看得到白腰豆隱約露出湯面的程度。

再來一道！
燉白腰豆

這道食譜即使只簡單燉煮，仍可滿足您的味蕾。與焗烤的滋味不太一樣，請務必試試看。燉煮時，湯汁煮到幾乎一滴不剩也無妨。也可以先享用過燉白腰豆後，加入水等補足水分，再料理成焗烤也不錯呢。

馬賽魚湯

馬賽魚湯（Bouillabaisse）是由「快煮」與「熄火」兩個單字組合而成，是一道轉眼即可上桌的料理。料理方式充滿豪邁闊氣，充滿漁村風格，這也正是其魅力所在。這道料理是為了大啖海鮮的綜合鮮味，因此美味的祕訣就是：海鮮的選擇不必照本宣科，可自行組合各種海鮮來烹煮。其他適合的海鮮還有石狗公、石斑魚、目張魚、蟹類等等。此外，加入義大利荷蘭芹或是細葉芹等香草也不錯呢。因為是普羅旺斯男人的料理，因此是一道可以隨心所欲、隨機應變、無所限制的料理。

材料 3～4人份
小銀綠鰭魚…2條（600g）
真鯛…1小條（600g）
星鰻…1條（150g）
帶頭蝦子（草蝦）…6隻
鹽…5g
洋蔥…1/2顆（60g）
大蒜…1大瓣（10g）
番茄…3顆（390g）
A ┌ 水…1ℓ
  ├ 白酒…100ml
  ├ 茴香酒…100ml
  ├ 紅辣椒…1根
  └ 鹽…4g
番紅花…1瓶（0.4g）
蒜泥蛋黃醬（請參照P.56）…適量

━━ 直徑24cm的鍋子

番紅花

番紅花是烹煮馬賽魚湯時不可缺少的材料，然而通常都只加入少許的量，其分量的拿捏相當困難。這次實際使用了1瓶，含0.4g的量。

1 魚類先刮除魚鱗，取出內臟後洗淨。用菜刀從小銀綠鰭魚的背鰭及尾鰭往下斜切，連鰭帶骨全部切除。

2 將魚類分2～3等分切大塊。星鰻先去除黏膜（請參照P.47，步驟**1**、**2**），切成4等分。挑除蝦子的腸泥。魚類與星鰻撒鹽輕揉入味。

3 將洋蔥及大蒜切成薄片。番茄燙過剝皮，從側面對切成半去籽。

4 將A、洋蔥及大蒜放入鍋中，以大火煮沸後，放入小銀綠鰭魚、真鯛，蓋上比鍋子小的落蓋。維持大火燜煮2分鐘直到滾泡。

5 加入番紅花，再次蓋上落蓋，燜煮2分鐘左右。

6 加入蝦子、星鰻，用手捏碎番茄加入鍋中，再次蓋上落蓋。煮2分鐘左右直到蝦子熟透即可盛盤，佐上蒜泥蛋黃醬。

🥄醬汁同步完成

取自馬賽魚湯
法式魚醬汁

保存 冷藏可保存2～3天。冷凍則可保存1個月（使用時再加熱）。

［法式魚醬汁］的應用料理

西班牙海鮮燉飯

西班牙海鮮燉飯（Paella）在加泰隆尼亞語中是「平底鍋」的意思，此料理發源於西班牙以米之鄉而聞名的瓦倫西亞地區，因而成了西班牙的代表性料理。利用馬賽魚湯來燉飯的巧思，和日本火鍋料理最後將精華湯汁運用來煮雜炊的方式很類似。若要加入蔬菜或是肉類等食材的話，就要與米粒一起炒。西班牙海鮮燉飯的米粒，有些燉得熟透軟爛，有些則米心未完全熟透，米粒熟度不一最佳。煮得「剛柔並濟」最恰好。

材料 3～4人份

米…250g

橄欖油…15ml

法式魚醬汁（請參照P.115）…400g

馬賽魚湯的湯料

　…若有剩餘則留適量備用

＊此次使用3隻蝦子、小銀綠鰭魚2片。

━ 直徑22cm的平底鍋

1 將橄欖油及米放入平底鍋，以小火翻炒。

2 炒至米心變透明後加入湯汁，以中火一邊攪拌一邊煮，煮沸後轉小火。

3 試著刮底部，若已漸漸收汁，轉為極小火，使其慢慢吸飽湯汁，接著製作鍋巴飯。

4 過了30分鐘左右，試著用湯匙碰觸鍋底，此時鍋巴的硬度還不足，不過正是鋪上食材的好時機。

5 將食材鋪在表面，轉中火煎出鍋巴。當開始聽到啪滋啪滋的聲音時，就是鍋巴開始成形的訊號。

再來一道！

西班牙燉飯

「Arroz」是西班牙另一種版本的燉飯，完全沒加其他食材。雖然只有米粒，但是因為用來燉煮米粒的湯汁中濃縮了海鮮的鮮味，美味自然是掛保證的。在這道料理中，鍋巴飯的重要性遠勝於西班牙海鮮燉飯！請全神貫注觀察、聆聽鍋內啪滋啪滋的聲音及香氣，並依照個人的喜好來調整鍋巴的狀況。

[法式魚醬汁] 的應用料理

法式魚慕斯

我要介紹這道店裡的超人氣慕斯，為了讓大家在家中也能順利製作，我針對分量做了些修改。魚絞肉是使用金線魚或雕魚等市售食材。製作慕斯麵糊的每一個步驟都是關鍵！請照著食譜按部就班製作，絕對可以做出鬆軟綿密的絕品慕斯。除了法式魚醬汁外，搭配荷蘭醬、貝亞恩斯醬、波爾多紅酒醬或是番茄糊紅醬等等，也都很對味。

材料 12個份

＊直徑5cm、容量50ml的布丁杯模

［慕斯］

魚絞肉…200g

鹽…2.5g

全蛋（蛋液）…2顆（100g）

奶油（回復至室溫）…100g

鮮奶油…100g

奶油、高筋麵粉（塗抹杯模用）

　…各適量

［醬汁］

法式魚醬汁（請參照P.115）

　…250g

茴香酒…60ml

奶油…25g

1 將［慕斯］杯模內塗上奶油並撒滿高筋麵粉，再敲下多餘的麵粉。這是為了方便脫模，因此每個角落都要仔細塗撒。

2 將魚絞肉、鹽放入食物調理機中攪打出黏性。用鹽代替黏著劑，能促進產生黏性。

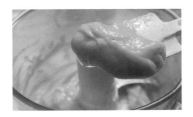

3 蛋液留1/10左右的量備用，其餘分4～5次加入2中，每次加入都攪打一下。攪打至滑順後，暫時倒入調理碗中。

4 將軟化的奶油倒入已淨空的食物調理機中輕輕攪打。將預留的蛋液一點一點慢慢加入，攪打到變得滑順為止。

5 將3的魚絞肉分次加入4中，一次約加入2～3大匙，並且每次加入都攪打一次。魚絞肉全部加入後，再取1/2量的鮮奶油，分次慢慢加入攪打。

6 將5倒入調理碗中，將剩餘的鮮奶油分2次加入，每次都要從底部往上撈起充分混合。

7 將6裝入擠花袋中，再擠入杯模至八分滿。杯模輕敲料理台以排出空氣並整平表面。

8 淺盤上放一鐵網，擺上7，注入剛剛好的熱水。熱水量與麵糊等高最為理想。放入100℃的烤箱中隔水烘烤1小時。熱水減少的話，中途要補足熱水。

9 當表面出現小泡痕時表示烘烤完成。倒扣脫模至手心。如果不好脫模，朝著杯模的邊緣吹氣可以幫助脫模。

10 ［醬汁與最終潤飾］將醬汁、茴香酒倒入鍋中以大火煮沸後，加入奶油使其乳化。即使沒有用打蛋器等來攪拌，只要在醬汁咕嚕咕嚕沸騰時加入奶油，自然就會乳化。燉煮至剩一半左右的量，煮至濃稠。將慕斯盛盤，再淋上醬汁即完成。

匈牙利牛肉湯

這一道燉肉湯品，使用了牛肉、洋蔥以及同樣是發源於匈牙利的紅椒。這道湯品的最大前提是肉塊必須確實煎出焦色。若不如此，完成品很難令人食指大動，因為在燉煮的過程中表面色澤會漸漸溶解，而且也會難以釋出浮沫。我認為清爽滑溜的湯汁跟燉肉比較搭，因此在最後燉煮湯汁（湯品）時，不要煮得過於濃稠。匈牙利當地的作法，通常都會加入馬鈴薯一起燉煮，不過我想要煮出清澈的醬汁，所以將馬鈴薯另外烹煮當佐菜。

材料 4～5人份

牛大腿肉…去筋850g
鹽…8g（牛肉的1%）
洋蔥…1顆（200g）
沙拉油…2大匙
紅椒粉…10g
黑胡椒…適量
水…700ml
水煮番茄罐頭…1罐（400g）
馬鈴薯（五月皇后）…2顆（300g）
○水煮馬鈴薯（請參照P.66），剝皮，切成適當大小。

━ 直徑26cm的平底鍋、
直徑21cm的深鍋及淺鍋

1 將牛肉切成稍大於一口的大小。撒上鹽搓揉入味。置於室溫下1小時。洋蔥滾刀切塊。

2 平底鍋以沙拉油熱鍋，加入牛肉，以大火翻炒。不斷翻面煎至水分收乾，煎出美味的焦色。

3 加入洋蔥，以中火炒，使其吸飽牛肉油脂。炒至油脂滲入切口且試吃覺得美味為止。

4 將紅椒粉與胡椒一起加入拌炒，陣陣飄香後倒入深鍋中。

5 將500ml的水倒入炒過牛肉的平底鍋中，刮下沾於鍋面的鮮味，加入番茄罐頭大致壓碎。

6 將 **5** 及200ml的水加入 **4** 的鍋中，以大火煮沸後轉小火，若出現浮沫則撈除，燉煮約2個小時半後，靜置30分鐘。當水分減少時要補足，不要讓肉塊露出湯面。

7 當肉塊纖維燉得柔嫩易碎時，將肉塊撈出。

8 用濾勺將湯汁過濾到淺鍋中。使用湯勺等用具自上方擠壓，擠出醬汁。

9 以大火燉煮湯汁，若出現浮沫，等聚集後再撈除。將牛肉盛盤，淋上湯汁，再添附上馬鈴薯。

☞醬汁同步完成

取自匈牙利牛肉湯
牛肉紅椒醬汁

保存 冷藏可保存3天。冷凍則可保存1個月（使用時再加熱）。

法式紅椒牛肉凍

吉利丁的部分較少，而食材的部分壓得緊實，這是我理想中的法國凍。可依喜好加入大量紅甜椒也無妨，亦可用煮熟的蔬菜來代替匈牙利牛肉湯的牛肉，像是使用普羅旺斯燉菜等也不錯。預留一些醬汁備用，在最終潤飾時從表面淋下，這是專業的手法。將醬汁加溫，可使下方的法國凍稍稍融化，能讓整體更融合。用鋁箔紙包覆完成品不但可防止變形，也更方便切片。

材料 1條份

＊長25×寬8×深6.5cm，容量1200ml
　的長方模型
紅甜椒…4大顆（去皮去籽300g）
牛肉紅椒醬汁（請參照P.121）
　…300g
匈牙利牛肉湯的牛肉…430g
吉利丁片…15g（液體的5%）
○醬汁放冷使牛脂凝固。
○吉利丁片放入冰水中泡軟。

━━ 直徑21cm的鍋子

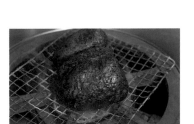

1 紅椒炭烤後去皮（置於烤網上以大火烤至完全焦黑，放入冷水中降溫後剝除焦黑的外皮）。去籽、去蒂、去筋後，切成3cm的丁狀。

2 過濾醬汁，濾掉牛脂。將醬汁、牛肉放入鍋中以大火煮，加熱牛肉使其吸飽醬汁而膨脹。將紅甜椒放入加熱後，加入吉利丁片充分攪拌。

3 長方模型先噴些水再鋪上保鮮膜。每個角落都必須確實貼合，避免空氣進入，接著再將2倒入。此時先預留50ml左右的醬汁備用。

4 上方也覆蓋一層保鮮膜，再蓋上與模型形狀一致的板子（保麗龍或是厚紙板等等）。淺盤上放一鐵網，擺上模型，倒入冰塊。

5 板子上方放置重物加壓，放入冰箱冷藏約1～2小時，冷卻至表面凝固為止。

6 拿掉保鮮膜，將剩餘的醬汁加溫後倒入模型中。不必覆蓋保鮮膜直接放入冰箱冷藏至表面凝固後，再蓋上保鮮膜冷卻定形。

7 將鋪在模型上的保鮮膜拿掉，捲上新的保鮮膜，再捲一層鋁箔紙來塑形。若要保存的話，也是以此狀態存放。

8 連同鋁箔紙一起切成喜歡的厚度，將鋁箔紙及保鮮膜取下後即可盛盤。

阿爾薩斯風啤酒燉雞翅

這道趣味燉料理是「洋蔥啤酒燉牛肉」的阿爾薩斯風雞肉版本。這道料理的美味在於濃度，決定關鍵在於炒洋蔥的甜味以及甜味奇美紅修道院啤酒。烹煮鐵則是雞肉要燉到完全上色。此外，雞肉燉煮到恰到好處時就先取出，湯汁則繼續燉煮到個人喜好的濃度為止。雞肉如果一起燉煮會過於軟嫩而削弱了存在感。比利時啤酒的奇美修道院啤酒是這道食譜的必要元素。淡淡果香味及濃厚的甜味是其他啤酒也無法取代的吧。

材料 5～6人份

雞小腿肉、雞翅肉…各8支（1.1kg）

鹽（雞肉用）…11g（雞肉的1%）

洋蔥…1顆半（300g）

奶油…20g

沙拉油…45ml

比利時啤酒［奇美紅修道院啤酒、
　甜味］…1瓶（750ml）

鹽（燉湯汁用）…1g

溶於水的玉米粉…2小匙

（＊水與玉米粉以10：1的比例混合均勻）

榛果奶油（請參照P.66）…20g

黑胡椒…適量

━━ 直徑26cm的平底鍋、
直徑21cm的鍋子

1 將洋蔥切成薄片。平底鍋內放入奶油、洋蔥、100ml的水，以大火炒到水分漸漸收乾後轉為中火，輕刮鍋底攪拌翻炒。水分不足則補足，不斷重複攪拌翻炒直到呈現褐色且軟爛的狀態為止。

2 將雞肉撒上鹽並搓揉入味，置於室溫下至少10分鐘。如果充分揉捏的話肉塊會出水，只要靜置不動即可。

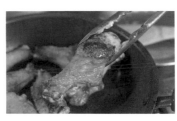

3 平底鍋內倒入30ml的沙拉油及**2**，以中火煎。肉塊下方請保持有油脂的狀態來煎煮。偶爾翻面，每一面都煎出色澤。

4 將**3**、**1**、奇美修道院啤酒與500ml的水全倒入鍋中，以大火煮沸後轉為小火，若出現浮沫則撈除，約燉煮1小時左右。水分變少則補足。煮好後靜置散熱至冷卻最為理想，讓肉塊可以充分入味。

5 試著用手指按壓雞肉，若已軟嫩則可取出。肉塊如果碎散開來表示燉過頭了，請特別留心。

6 將鹽及溶於水的玉米粉加入湯汁中，以大火燉煮。燉好的基準量為600ml。

7 製作榛果奶油備用，待**6**煮沸後再加入。撒上胡椒，醬汁即完成。將雞肉盛盤並淋上醬汁。

▽醬汁同步完成

取自啤酒燉雞翅
比利時啤酒醬

保存 冷藏可保存3天。冷凍則可保存1個月（使用時再加熱）。

[比利時啤酒醬汁] 的應用

鹽漬豬五花燉肉

以少量湯汁燉煮食材，烘烤露出湯汁表面的部分，並同時淋上湯汁——這些步驟從頭到尾都是在烤箱中反覆進行，這種烹調方式稱為「燜燒（Braiser）」。法國昔日用的烤箱是「麵包窯」，沒有煙囪，而鍋子也不加蓋，所以這種料理方式才行得通吧！液體既是湯汁同時也是醬汁，食材與醬汁燉煮到融為一體，堪稱最佳境界。此外，比利時啤酒醬汁帶有苦味，因此我雖然沒用烤箱烘烤上色，端出的滋味仍近似「焦味相疊」的原始燜燒風味，依然可令人心服口服。

材料 3人份

豬五花肉…500g

鹽…5g（豬肉的1%）

比利時啤酒醬汁（請參照P.125）
　　…400g

榛果奶油（請參照P.66）…10g

━ 直徑26cm的平底鍋、
直徑21cm的鍋子

1 將豬肉撒上鹽搓揉入味，放入冰箱冷藏一晚。

2 將豬肉切成大塊狀，油脂部分朝下放入平底鍋，以中火煎煮。肉塊下方保持有油脂的狀態，充分煎煮至煸出油脂。

3 當煎到呈深褐色後，將煸出的油脂倒掉，肉塊翻面繼續煎。火候維持中火。

4 煎好另一面後，利用鍋緣立起肉塊，轉小火煎煮側面。

5 將4的肉塊油脂朝上放入鍋中，加入醬汁及300ml的水，以大火燉煮。沸騰後轉小火，維持豬肉稍微浮出湯面的水量，一面澆淋湯汁，加熱3～4小時。

6 燉煮3～4小時後，表面富有光澤即完成。最後剩下的湯汁無須再補水，留少量即可。

7 豬肉起鍋，撈除湯汁中多餘的油脂。以大火煮湯汁，同時製作榛果奶油備用，當湯汁沸騰後再加入，醬汁即完成。將豬肉盛盤，淋上醬汁。

食材贊助（日本）

有機辛香料
MAILLE第戎芥末醬
新鮮香草

S＆B食品株式會社
東京都中央區日本橋兜町18-6
☎0120-120-671
http://www.sbfoods.co.jp/

可爾必思（株）精選無鹽奶油

可爾必思株式會社
東京都澀谷區惠比壽南2-4-1
☎0120-378-090
http://www.calpis.co.jp/

北海道3.7牛奶 酪農王國
特選北海道純鮮奶油35

高梨乳業株式會社
神奈川縣橫濱市旭區本宿町5番地
☎0120-369-059（客服專線）
http://www.takanashi-milk.co.jp/

Roquefort Papillon（羅克福乳酪品牌名）
經36個月熟成的帕瑪森乳酪

Cheese on the table 總店
東京都中央區日本橋濱町3-1-1
TEL 03-5614-6609
http://www.cheeseclub.co.jp/

既濃郁又有彈性，魅力十足的福島土雞肉
＜川俁鬥雞＞

株式會社川俁町農業振興公社
福島縣伊達郡川俁町小綱木字泡吹地8
TEL 024-566-5860
「土雞屋本舖」
http://www.kawamata-shamo.com/

東京品牌的夢幻豬肉
＜TOKYO X＞

株式會社Meat-Companion（總公司）
〒190-0013　東京都立川市富士見町6丁目65番9號
TEL 042-526-3451（代）
http://www.meat-c.co.jp/

OLIVE JUICE 100% OIL
＜Kiyoe＞®

株式會社Valox
大阪府大阪市西區靱本町1-11-7信濃橋三井大樓9F
☎0120-55-8694（訂購或洽詢專用）
http://www.valox.jp/

伯方鹽（粗鹽）

伯方鹽業株式會社
愛媛縣松山市大手町2丁目3-4
☎0120-77-4140
http://www.hakatanoshio.co.jp/

谷昇　Tani Noboru

1952年生於東京。於服部營養專門學校就學期間，於「ILE DE FRANCE」餐廳修業，畢業後繼續就職。曾於1976年與1989年兩度前往法國三星級餐廳「Au Crocodile」等名店修業，鑽研法式料理。回國後於「Aux Six Arbres」等餐廳擔任主廚，1994年於東京新宿區納戶町開店經營「Le Mange-Tout」餐廳。每月前往町田調理師專門學校擔任一日講師。2012年獲得辻靜雄食文化獎專門技術者獎。著有《ビストロ流ベーシック・レシピ》、《ビストロ仕立てのスープと煮込み》（皆為日本世界文化社出版）等。

（上排左起）
向野竣一、
國長亮平、
大橋邦基

（中間）
店經理：楠本典子、
女侍酒師：髙橋里英

（前排）
野水貴之、
谷昇

【日文版工作人員】
設計　中村善郎　yen inc.
攝影　原務

LE MANGE-TOUT TANI NOBORU CHEF NO
BISTRO RYU OISHII SAUCE RECIPE
© NOBORU TANI 2015
Originally published in Japan in 2015 by
SEKAI BUNKA PUBLISHING INC.,
Chinese translation rights arranged through
TOHAN CORPORATION, TOKYO.

國家圖書館出版品預行編目資料

Le Mange-Tout主廚親授 米其林二星
美味醬汁料理 /谷昇著；童小芳譯. --
初版. -- 臺北市 : 臺灣東販, 2016.04
128面 ; 19×25.7公分
ISBN 978-986-331-988-7（平裝）

1.調味品 2.食譜

427.61　　　　　　　　　105002636

Le Mange-Tout主廚親授
米其林二星美味醬汁料理

2016年 4 月 1 日初版第一刷發行
2024年 3 月 1 日初版第七刷發行

作　　　者　谷昇
譯　　　者　童小芳
編　　　輯　曾羽辰
美術編輯　黃盈捷
發 行 人　若森稔雄
發 行 所　台灣東販股份有限公司
　　　　　　＜地址＞台北市南京東路4段130號2F-1
　　　　　　＜電話＞(02)2577-8878
　　　　　　＜傳真＞(02)2577-8896
　　　　　　＜網址＞http://www.tohan.com.tw
郵撥帳號　1405049-4
法律顧問　蕭雄淋律師
總 經 銷　聯合發行股份有限公司
　　　　　　＜電話＞(02)2917-8022

TOHAN